Vom Regenbogen zum Polarlicht

Kristian Schlegel

Vom Regenbogen zum Polarlicht

Leuchterscheinungen in der Atmosphäre

Spektrum Akademischer Verlag Heidelberg · Berlin · Oxford

Die Deutsche Bibliothek – CIP-Einheitsaufnahme

Schlegel, Kristian:
Vom Regenbogen zum Polarlicht : Leuchterscheinungen in der Atmosphäre / Kristian Schlegel. – Heidelberg ; Berlin ; Oxford : Spektrum, Akad. Verl., 1995
ISBN 3-86025-259-3

Lektorat: Katharina Neuser-von Oettingen/Marianne Vollmer (Ass.)
Copy-editing: Markus Schlierf
Produktion: Brigitte Achauer/Myriam Nothacker
Gesamtherstellung: Druckhaus Beltz, Hemsbach
Coverphotos: Per-André Hoffmann, Stuttgart

Spektrum Akademischer Verlag Heidelberg · Berlin · Oxford

Inhalt

Einleitung **9**

I. Himmelsfarben, Sonnenfarben, Sonnenformen **11**

Warum ist der Himmel blau? 11
Die Farbe der Sonne am Morgen und am Abend 12
Die Streuwirkung der Aerosole 14
Dämmerungsfarben 17
Merkwürdige Formen der Sonnenscheibe 19
Luftspiegelungen 22
Der grüne Strahl 24

II. Regenbogen **27**

Haupt- und Nebenbogen 27
Lichtbrechung in Regentropfen 29
Der maximal abgelenkte Strahl 32
Die Farben des Regenbogens 34

III. Halo-Erscheinungen **41**

Historisches 41
Eiskristalle in der Atmosphäre 44
Der 22°-Halo 45

Der 46°-Halo, Nebensonnen 50
Spiegelungshalos 52
Weitere Halo-Erscheinungen 57
Häufigkeit von Halo-Erscheinungen 60

IV. Durch Lichtbeugung hervorgerufene Leuchterscheinungen 61

Aureole und Kränze 61
Glorien 66
Brockengespenst 68

V. Blitze 71

Historisches 71
Die Entstehung von Gewittern 73
Elektrische Vorgänge beim Blitz 75
Die Leuchterscheinung 81
Donner 87
Kugelblitze, Perlschnurblitze, Elmsfeuer 89
Blitzgefahren, Blitzschutz, Blitzenergie 94

VI. Die Erdatmosphäre 97

Troposphäre, Stratosphäre, Mesosphäre 98
Thermosphäre, Ionosphäre 101

VII. Meteore 105

Kosmische Körper 106
Die Leuchterscheinung 108
Höhenbestimmung 111
Meteorströme 112

Feuerkugeln 115
Große Meteoroide 120
Beobachtungshinweise 122
Zodiakallicht 123

VIII. Leuchtende Nachtwolken 125

Erste Beobachtungen 125
Die Leuchterscheinung 126
Entstehungsmechanismus 129
Beobachtungshinweise 132

IX. Polarlicht 135

Historisches 135
Entstehung des Polarlichts 138
Die Lichtentstehung 142
Die geographische Verteilung des Polarlichts 144
Sonnenaktivität und Polarlicht 148
Magnetische Stürme 152
Klassifizierung von Polarlichtern 155

X. Literatur, Videofilme, Bilder, Anschriften 163

Index 175

Einleitung

Was haben ein Regenbogen und ein Polarlicht gemeinsam? – Nun, zunächst sind beide ästhetisch schöne und farbige Erscheinungen am Himmel, die uns Betrachter immer wieder in Erstaunen setzen und uns bewußt werden lassen, welche Wunder die Natur immer wieder für uns bereithält.

Physikalisch gesehen sind beides atmosphärische Leuchterscheinungen. Sie stellen jedoch vom Ort ihres Auftretens her gewissermaßen Extreme dar: Regenbogen erscheinen in der untersten Atmosphärenschicht, Polarlichter in der höchsten. In diesem Buch werden wir durch diese Atmosphärenschichten hinaufsteigen und alle atmosphärischen Leuchterscheinungen behandeln, die zwischen diesen beiden Extremen vorkommen können: Halos, Kränze, Glorien, Meteore und leuchtende Nachtwolken.

Eine Zusammenstellung dieser Art ist neu, denn bisher wurden die hier beschriebenen Leuchterscheinungen als Teile sehr verschiedener Fachgebiete studiert und behandelt. Atmosphärische Refraktion, Regenbogen, Halos, Glorien, Kränze, also die Phänomene, die in den Kapiteln I bis IV vorgestellt werden, zählt man zur sogenannten Meteorologischen Optik, also einem Teilgebiet der Wetterkunde. Blitze gehören als Teilerscheinungen eines Gewitters ebenso zur Meteorologie, werden aber unter dieser Disziplin selten ausführlich beschrieben. Viele Beiträge über Blitze wurden im Rahmen der Hochspannungstechnik und Gasentladungsphysik gewonnen. Meteore gehören traditionell zur Astronomie, was von ihrer Herkunft her berechtigt ist, die Leuchterscheinung selbst spielt sich jedoch in der Atmosphäre ab. Das gleiche gilt auch für leuchtende Nachtwolken, doch auch über sie finden sich Beiträge in astronomischen Büchern und Zeitschriften. Das Polarlicht schließlich wird normalerweise zur extraterrestrischen (Geo-)Physik gezählt und dort behandelt.

Alle diese Leuchterscheinungen sind jedoch atmosphärische Phänomene, die Atmosphäre bildet daher eine logische Klammer für ihre Behandlungsweise. An atmosphärischen Bestandteilen wie Wassertropfen, Eiskristallen, Staub, Molekülen, Atomen und Ionen entstehen die Leuchterscheinungen durch Reflexion, Brechung, Beugung oder atomare Prozesse. Ein besonderes Kapitel ist daher dem Aufbau und der Zusammensetzung der Atmosphäre gewidmet.

Das Buch soll zum Schauen und Staunen anregen, gleichzeitig aber auch Fragen beantworten. Mancher Leser wird beim Betrachten einer Leuchterscheinung am Himmel schon nach den Ursachen gefragt haben. Bei der Beantwortung kann das Buch eine Hilfe sein, denn die einzelnen Formen und Farben werden so einfach wie möglich erläutert. Vielleicht findet der eine oder andere Leser auf diese Weise zu einem neuen Hobby.

Die Darstellung lebt von den zahlreichen wunderbaren Fotografien der einzelnen Leuchterscheinungen. Allen Kollegen und Beobachtern, die mir Fotos zur Verfügung gestellt haben, gilt daher mein herzlichster Dank. Ich habe sie in den Bildunterschriften jeweils namentlich erwähnt. Wertvolle Anregungen verdanke ich auch meinen Kollegen Dipl.-Phys. Jürgen Rendtel, Dr. Klaus Rinnert, Dr. Wilfried Schröder und Dr. Rainer Schwenn. Karin Peschke hat mir bei den Schreibarbeiten viel geholfen. Nicht zuletzt geht mein Dank an meine Frau und meine Söhne für ihre Geduld, ihre Mitarbeit und das Korrekturlesen. Auf sie gehen viele Verbesserungsvorschläge zurück.

Katlenburg, im Oktober 1994

I. Himmelsfarben, Sonnenfarben, Sonnenformen

Warum ist der Himmel blau?

Diese Frage ist, streng genommen, zu speziell gestellt, denn der wolkenlose Himmel zeigt ja nicht immer die gleiche blaue Farbe. Nachts ist er schwarz, bei Sonnenauf- oder -untergang ist er rötlich gefärbt. Die Frage nach der Farbe des Himmels hat bereits Gelehrte in früheren Zeiten beschäftigt. Schon *Leonardo da Vinci* erkannte Ende des 15. Jahrhunderts, daß das Himmelsblau keine Eigenfarbe der Luft sein kann. *Johann Wolfgang v. Goethe* schrieb in seiner Farbenlehre (1810) bereits richtig, daß die blaue Farbe durch die Streuung des Lichts an „atmosphärischen Dünsten" zustandekomme. Der französische Naturforscher *Horace Benedict de Saussure* erfand 1790 eine Farbskala, das sogenannte Zyanometer *(*kyanos griech. blau. Damit konnte man durch Vergleich das Himmelsblau einer numerierten Farbe auf der Skala zuordnen. Fast 100 Jahre haben die Forscher diese Nummern zur wissenschaftlichen Beschreibung der verschiedenen Töne des Himmelsblaus benutzt. Doch erst dem englischen Physiker Lord *John William Rayleigh* gelang 1871 die genaue physikalische Erklärung des Himmelsblaus. Rayleigh war ein physikalisches Universalgenie, er hat die Wissenschaft auf vielen Gebieten befruchtet.

Rayleigh entdeckte auch das Edelgas Argon, wofür er 1904 den Nobelpreis erhielt.

Rayleigh erkannte, daß die Streuung des Lichts von seiner Wellenlänge abhängt. Unter Streuung versteht man hierbei folgendes: Trifft eine Lichtwelle auf ein atmosphärisches Gasteilchen (im wesentlichen Stickstoff- und Sauerstoffmoleküle), so wird dieses seinerseits wieder zum Ausgangspunkt einer Welle. Man kann sich diesen Vorgang an einem Beispiel mit Wasserwellen veranschaulichen. Wird ein im Wasser stehender Pfahl von einer Welle getroffen, so bilden sich um diesen Pfahl herum die konzentrischen Kreise einer neuen Welle, die von diesem Pfahl ausgeht. Rayleigh konnte nun mathematisch beweisen, daß die Intensität des gestreuten Lichts um so größer, je kleiner seine Wellenlänge ist. Blaues Licht, das eine kürzere Wellenlänge aufweist, wird also viel stärker gestreut als das langwelligere rote. (Über die Farbe des Lichts und seine Wellenlänge siehe Kasten auf Seite 13.) Fällt also das weiße Sonnenlicht, das ja alle Farben enthält, in die Atmosphäre ein, so wird jedes Gasmolekül der Luft zum Ausgangspunkt von zusätzlichen Wellen mit kurzer Wellenlänge, also blauem Licht. Das blaue Licht wird also gewissermaßen verstärkt, wodurch der Himmel blau erscheint.

Gestreutes Licht gelangt also von der Sonne nicht direkt in unser Auge, sondern macht sozusagen einen Umweg über die atmosphärischen Gasteilchen.

Die Farbe der Sonne am Morgen und am Abend

Die Rayleighsche Theorie liefert im übrigen auch eine Erklärung, warum die tief am Horizont stehende Sonne rötlich erscheint, im Gegensatz zur hoch stehenden gelblich-weißen Sonne. Neben der Streuung des Lichts gibt es nämlich auch noch seine Extinktion (*extinguere* lat. auslöschen). Darunter versteht man die Tatsache, daß jeder Lichtstrahl, der durch ein Medium (wie die Luft) hindurchdringt, in seiner Intensität abgeschwächt wird. Besonders drastisch erlebt man das bei einer Autofahrt im Nebel: die sonst schon von weitem sichtbaren Scheinwerfer der entgegenkommenden Autos werden erst aus gefährlicher Nähe sichtbar. Wenn auch die

Die Farbe des Lichts und seine Wellenlänge

Licht ist eine elektromagnetische Strahlung, deren Wellenlänge den Farbeindruck bestimmt, den unser Auge erkennt. Die Wellenlänge des Lichts wird in Nanometer (nm) angegeben, d. h. in Milliardstel Meter. Wie im Bild angegeben, entspricht das sichtbare Licht Wellenlängen von etwa 400 nm bis etwa 700 nm. Man bezeichnet diesen Teil auch als Spektrum des sichtbaren Lichts. Unterhalb von 400 nm liegt die ultraviolette, oberhalb von 700 nm die infrarote Strahlung. Sind alle Farben gleichzeitig vorhanden, so ergibt sich Weiß als ein unbuntes Gemisch. Als Farbnamen für einzelne Spektralbereiche hat man festgelegt:

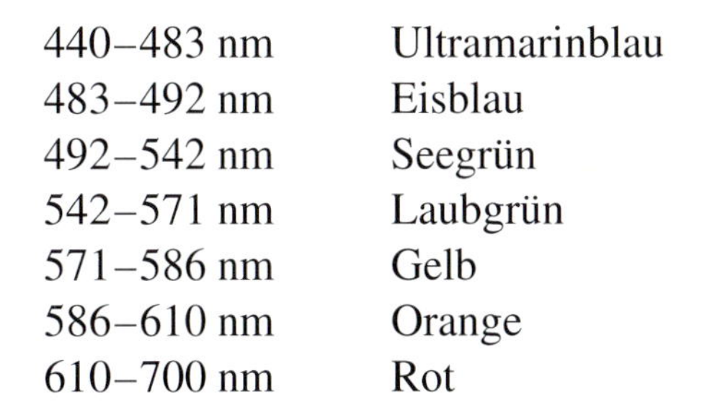

440–483 nm	Ultramarinblau
483–492 nm	Eisblau
492–542 nm	Seegrün
542–571 nm	Laubgrün
571–586 nm	Gelb
586–610 nm	Orange
610–700 nm	Rot

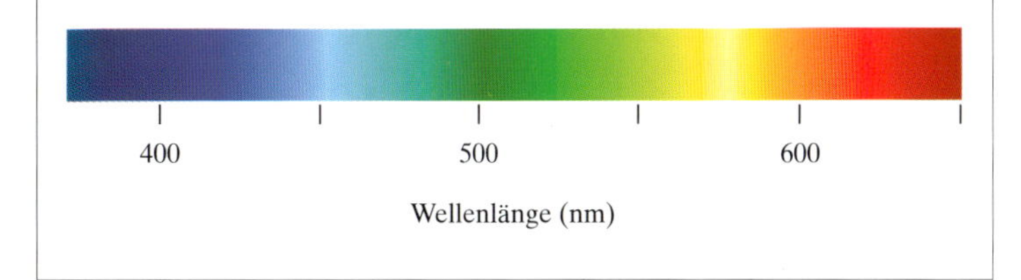

Lichtextinktion im Nebel eine etwas andere Ursache hat als die in klarer Luft, kann so doch das Prinzip der Extinktion erläutert werden.

Man kann sich ohne weiteres vorstellen, daß die Lichtextinktion umso größer ist, je länger der Weg ist, den das Licht durch das Medium Atmosphäre zurücklegen muß. Dieser Weg ändert sich im Laufe eines Tages. Wie aus Abb. 1.1 hervorgeht, muß das Licht am Abend (oder Morgen) einen längeren Weg durch die Atmosphäre bis zum Beobachter B zurücklegen als um die Mittagszeit, wenn die Sonnenstrahlen sehr steil in die Atmosphäre einfallen. Wie die Streuung ist auch die Extinktion von der Wellenlänge des Lichts abhängig. Rayleigh fand für beide ein ähnliches Gesetz. Auch die Extinktion ist umso größer, je kürzer die Wellenlänge des Lichts ist. Damit wird also blaues Licht auch stärker geschwächt als rotes Licht. Abends und morgens, wenn die Extinktion wegen des langen Weges durch die Atmosphäre groß ist, kommt von dem weißen Sonnenlicht daher viel mehr Rot am Erdboden an als Blau, die Sonne erscheint daher rötlich (Abb. 1.4).

Bei tiefstehender Sonne ist also die Extinktion größer als bei hochstehender.

Die Streuwirkung der Aerosole

Jeder hat schon beobachtet, daß der wolkenlose Himmel nicht immer den gleichen blauen Farbton aufweist. Manchmal erscheint er tiefblau, an manchen Tagen mehr weißlich-blau. Diese Farbe kann von der Rayleighschen Theorie nicht erklärt werden. Sie gilt nämlich strenggenommen nur, wenn das Streuzentrum ein „kleines“ Teilchen ist. Bisher war davon ausgegangen worden, daß es sich bei den Streuzentren um Moleküle der Luft handelt, die tatsächlich klein sind. Gemeint ist hier, daß ihr Durchmesser klein ist im Verhältnis zur

Der Durchmesser der Moleküle beträgt einige nm.

Abb. 1.1

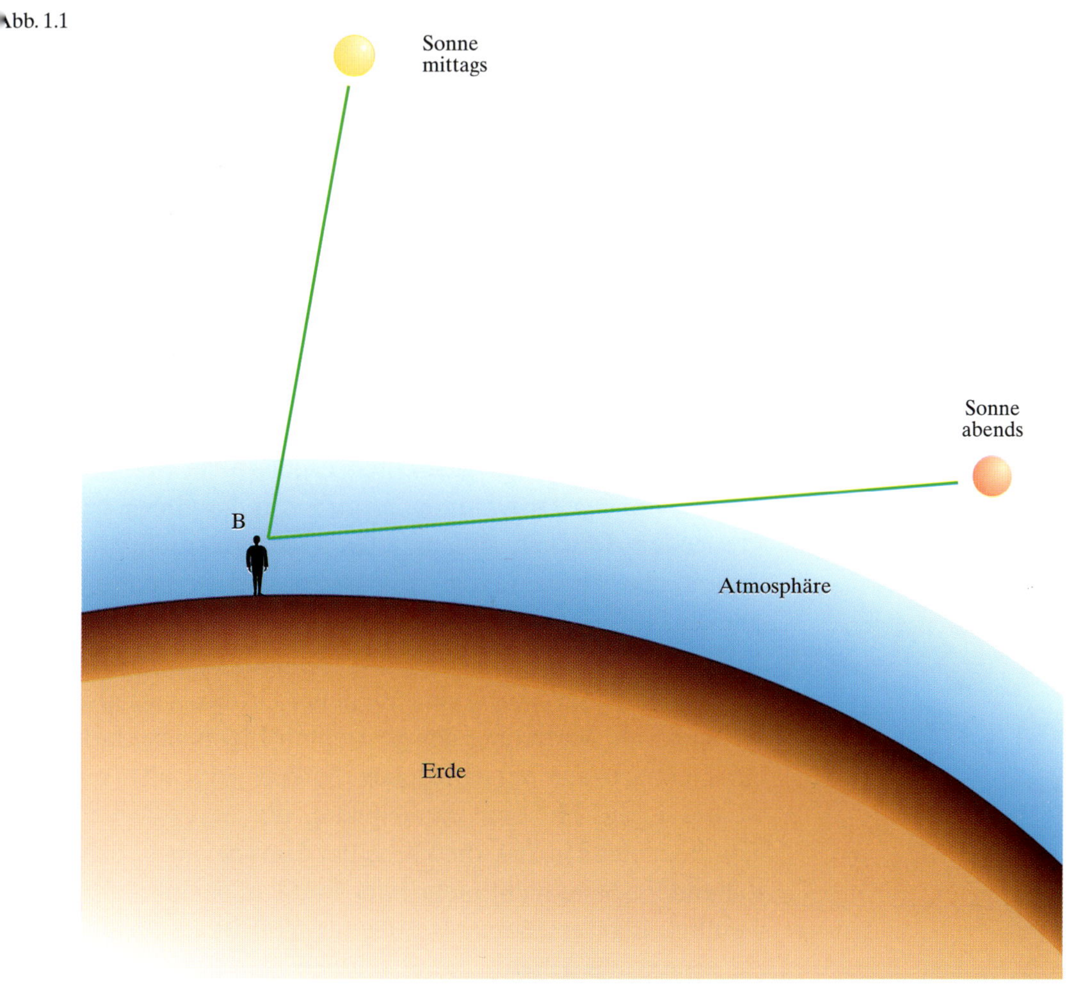

1.1 Weg des Sonnenlichts durch die Atmosphäre zum Beobachter B am Mittag und am Abend.

Wellenlänge des Lichts, die ja im Fall des sichtbaren Lichts zwischen 400 und 700 nm liegt (siehe Kasten auf Seite 13).

Nun gibt es aber in der Atmosphäre noch andere Teilchen, an denen das Licht gestreut werden kann, wie z. B. Staub, Rauch, Tröpfchen oder Kristalle. Alle diese Teilchen faßt man unter dem Namen Aerosole zusammen. Sie sind meist viel größer als die Luftmoleküle und auch größer als die Wellenlänge des sichtbaren

Die Zahl der Aerosole in einem Kubikzentimeter Luft ist sehr variabel. Selbst bei „sauberer" Luft können es bis zu 10 000 sein.

Lichts. Die kleinsten Aerosole haben einen Durchmesser von einigen 100 nm, sind also in ihrer Größe mit der Wellenlänge des Lichts vergleichbar; zu den größten gehören die Regentropfen, die ja schon in Millimetern gemessen werden. Für die Streuung des Lichts an solchen Teilchen, deren Durchmesser vergleichbar mit der Wellenlänge des Lichts ist oder sogar größer, hat der deutsche Physiker *Gustav Mie* im Jahre 1910 eine mathematische Theorie entwickelt. Sie ist sehr kompliziert, und es sollen daher nur einige ihrer Aussagen erwähnt werden. Ein wichtiges Ergebnis ist, daß die Intensität des an den Aerosolen gestreuten Lichts nicht nur von der Wellenlänge, sondern auch stark von der Größe der streuenden Teilchen abhängt. Da selten Aerosole von einheitlicher Größe in der Atmosphäre vorkommen (ein solcher Fall wird bei der Erläuterung der Halo-Erscheinungen im Kapitel III behandelt), sondern meistens ein Gemisch aus Aerosolen verschiedener Größe, wird also die spektrale Verteilung des gestreuten Lichts ebenfalls ein Gemisch aus verschiedenen Farben sein, also ein weißes Licht. Für eine Atmosphäre, die Aerosole enthält, bedeutet das, daß die Farbe des Himmels bei hochstehender Sonne nicht mehr intensiv blau, sondern eher weißlich-blau erscheint. Nimmt die Zahl der Aerosole zu, nimmt das Blau ganz ab und wird vom Weiß verdrängt. Dieser Fall liegt z. B. bei einer dünnen Wolkendecke vor, die noch von der Sonne durchstrahlt wird. Wolken stellen ja nichts anderes als kondensierte Feuchtigkeit dar, also ein Gemisch aus Tröpfchen verschiedener Größe.

Am häufigsten sind Aerosole mit einer Größe zwischen 0,1 und 10 µm. (1 µm = 1 Millionstel Meter.)

Die blendende Helligkeit, die von einer sonnenbeschienenen Schönwetterwolke ausgeht, ist reflektiertes weißes Sonnenlicht, hat also mit Streuung nichts zu tun. Die Tröpfchen liegen dort so dicht nebeneinander, daß die Wolke für das Licht wie eine weiße Wand wirkt.

Dämmerungsfarben

Es wurde bereits erklärt, warum am Morgen und Abend die tiefstehende Sonne rötlich erscheint. Warum ist aber auch der wolkenlose Himmel in der Umgebung der Sonne in diesem Fall oft rötlich gefärbt? Nun, hier kommen auch wieder die Aerosole ins Spiel. Sie streuen das in diesem Fall hauptsächlich rote Sonnenlicht, und zwar umso stärker, je mehr Aerosole vorhanden sind. Bei der im vorigen Abschnitt erläuterten Mie-Streuung an Aerosolen war es weißes Sonnenlicht, welches gestreut weiß bleibt. Jetzt aber ist es rötliches Licht, denn das blaue Licht wird ja, wie oben beschrieben, aufgrund des langen Weges durch die Atmosphäre abgeschwächt. Dieses rötliche Licht wird nun an den Aerosolen gestreut und färbt dabei auch die Sonnenumgebung rötlich.

Ein hoher Aerosolgehalt kann vom Menschen verursacht, also schlicht „Luftverschmutzung“ sein, er kann aber auch natürliche Ursachen haben. Besonders farbenprächtige Sonnenauf- und -untergänge beobachtet man z. B. nach Vulkanausbrüchen. Abb. 1.2 zeigt so einen Fall. In unseren Breiten traten solche Farbenspiele zuletzt im Herbst und Winter 1991 auf, was auf den Ausbruch des philippinischen Vulkans *Pinatubo* im Juni jenes Jahres zurückzuführen war. Bei derartig intensiven Eruptionen werden riesige Mengen von Staub, Ruß und anderen Aerosolen bis hinauf in die untere Stratosphäre (15–25 km Höhe) geschleudert. Durch dort vorherrschende Winde werden sie im Laufe von einigen Monaten über die ganze Erde verteilt. Sie bilden also eine Aerosolschicht, an der das rote Sonnenlicht intensiv gestreut wird. Wie die Abb. 1.2 zeigt, erscheint der Himmel am Horizont gelblich, darüber rötlich und oben bläulich-violett. Die letztere Farbe kommt durch eine Überlagerung des ursprünglich blauen Himmelslichts mit dem rötlichen aus tieferen Schichten zustande.

Eine sehr starke Quelle für natürliche Aerosole ist auch das Meer. Hier sind es winzige Salzkristalle, die durch die Gischt in die Luft gelangen.

Besonders zahlreich sind bei Vulkaneruptionen Teilchen aus Schwefelverbindungen.

1.2 Farbenprächtiger Sonnenuntergang nach einem Vulkanausbruch. Das Foto wurde im Mai 1980, einige Tage nach dem Ausbruch des Mt. St. Helens (Rocky Mountains, USA), aufgenommen. Der Aufnahmeort liegt etwa 1000 km südöstlich des Vulkans. (Foto: Verfasser)

Interessant sind auch die Farbschattierungen, die sich am Himmel gegenüber der untergehenden Sonne zeigen!

Auch unter normalen Bedingungen kann man bei wolkenfreiem Himmel beim Sonnenauf- oder -untergang manchmal ein ganzes Spektrum von Farben beobachten. Die Farben wechseln von bläulich-weiß über rosa und gelb bis zu purpur. All diese Farben kommen durch das Wechselspiel von Streuung und Extinktion des Sonnenlichts zustande. Wer sich intensiver mit den Sonnenauf- und -untergangsphänomenen beschäftigen möchte, dem sei das im Kapitel X aufgeführte Buch von K. Bullrich empfohlen.

Merkwürdige Formen der Sonnenscheibe

Um verschiedene Formen der Sonnenscheibe erklären zu können, wie in der Überschrift versprochen, soll jetzt ein wenig auf die sogenannte terrestrische Refraktion eingegangen werden. Refraktion heißt Lichtbrechung, und worum es dabei geht, ist im Kasten auf Seite 20 erläutert.

Eine Lichtbrechung tritt aber nicht nur an abrupten Übergängen zwischen zwei Medien auf, wie im Kasten erläutert, sondern auch bei einer allmählichen Änderung des Mediums. So eine kontinuierliche Änderung eines Mediums liegt in der Atmosphäre vor, da ja die Dichte der Luft bekanntlich von oben nach unten zunimmt (siehe Kapitel V) und die Dichte den Brechungsindex bestimmt. Ein in die Atmosphäre einfallender Lichtstrahl wird daher stets zum Erdboden hin gebrochen. Das Prinzip ist in Abb. 1.3 erläutert.

In 10 km Höhe, wo die Luftdichte nur noch etwa 1/4 der Dichte am Boden ist, beträgt der Brechungsindex 1,00007, am Erdboden 1,00029.

Man kann sich die Atmosphäre in eine Folge dünner Schichten zerlegt denken. An jeder Schicht wird das Licht gebrochen, wie im Kasten erläutert. Da jede Schicht ein wenig dichter ist als die darüberliegende, wird der Strahl jeweils um einen winzigen Betrag zum Lot hin gebrochen (in der Abb. 1.3 übertrieben). Die Dichte der Luft nimmt jedoch in der Regel nicht sprunghaft zu (eine Ausnahme wird weiter unten behandelt), sondern kontinuierlich, und daher erfolgt die Krümmung des Lichtstrahls auch nicht in „Knicken", sondern stetig. Eine Lichtquelle L, von der ein Strahl ausgeht (z. B. ein Stern), erscheint dem Beobachter B daher stets etwas höher am Himmel (in L_S), als sie wirklich steht (in L_W). Diese Tatsache ist für alle astronomischen Beobachtungen wichtig, die entsprechend korrigiert werden müssen.

Nur ein Stern, den man genau im Zenit sieht, steht auch tatsächlich dort.

Lichtbrechung

Eine Brechung des Lichts findet überall dort statt, wo sich das Medium ändert, in dem sich das Licht ausbreitet. So z. B. an der Grenzfläche zwischen Luft und Wasser. Der holländische Physiker *Willebrord Snellius* fand 1621 das nach ihm benannte Brechungsgesetz. Danach wird das Licht bei schrägem Einfall von einem dünneren (Luft) in ein dichteres Medium (Wasser) immer zum Einfallslot hin gebrochen.

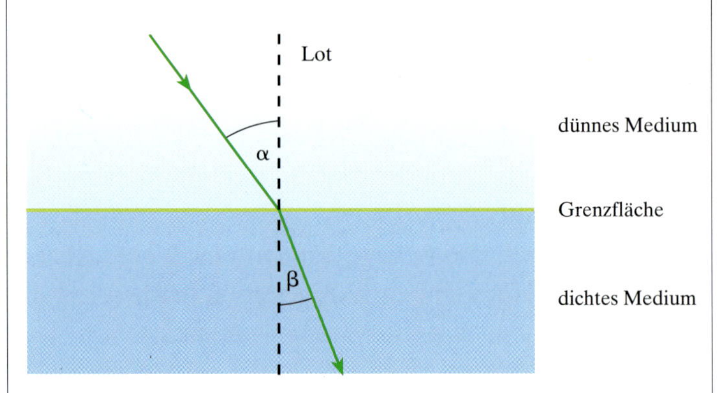

Der Winkel β ist also immer kleiner als der Einfallswinkel α. Seine Größe wird durch den sogenannten Brechungsindex n bestimmt. Für Wasser ist n = 1,33, für Luft 1,0003, für Vakuum exakt 1,00. Einen sehr großen Brechungsindex hat z. B. der Diamant (n = 2,42), was sein „Feuer“ erklärt.
Bei der Umkehrung des Strahlengangs, wenn also der Strahl vom dichteren in das dünnere Medium übergeht, wird er dementsprechend vom Lot weg gebrochen. Bei senkrechtem Einfall, also entlang des Lots, tritt keine Brechung ein.

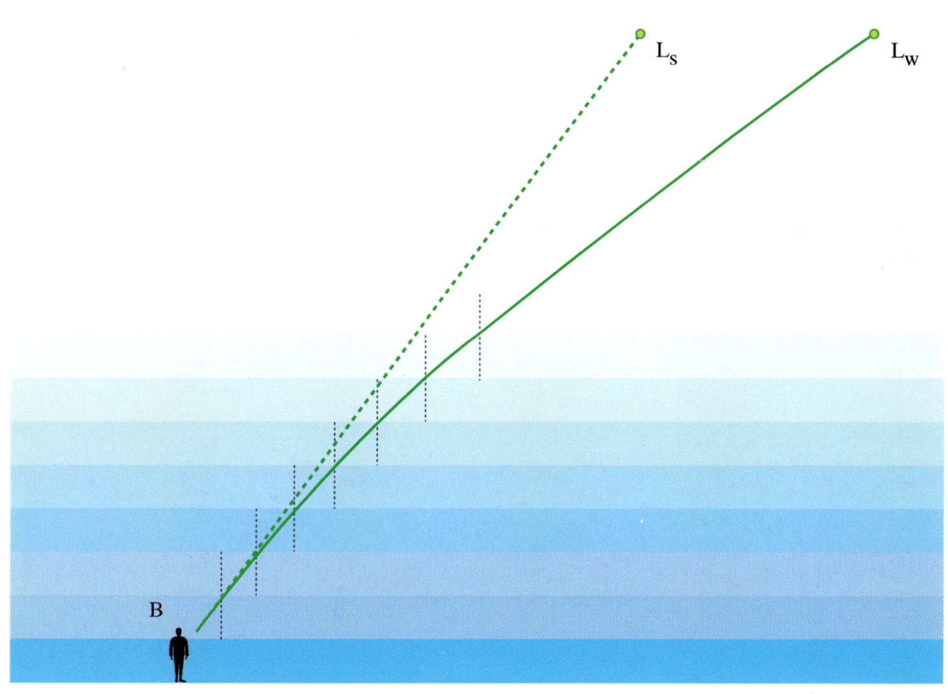

1.3 Terrestrische Refraktion – Brechung eines Lichtstrahls in der Erdatmosphäre. Einem Beobachter (B) erscheint ein Himmelskörper immer etwas höher am Himmel (in L_S) als er wirklich steht (L_W).

Für einen unmittelbar am Horizont einfallenden Strahl macht diese Refraktion etwas mehr als 1/2 Grad aus. Das heißt also, daß die Sonnenscheibe, die einen Winkeldurchmesser von ebenfalls etwa 1/2 Grad hat, in Wirklichkeit schon ganz unter dem Horizont steht, wenn sie sichtbar mit ihrem unteren Rand gerade den Horizont berührt.

Die Refraktion ist schließlich die Ursache, daß Sonne oder Mond nahe am Horizont abgeplattet erscheinen, wie in Abb. 1.4 abgebildet. Die Refraktion nimmt vom Horizont weg sehr schnell ab, schon 1/2 Grad über dem Horizont beträgt sie etwa 1/8 Grad weniger als direkt am Horizont. Die vertikale Achse der Sonnenscheibe wird also durch die Refraktion verkürzt, die Sonnenscheibe selbst erscheint daher wie ein gestauchter Ballon.

1.4 Abplattung der Sonne nahe am Horizont. (Foto: P. Parviainen, Turku)

Luftspiegelungen

Jetzt noch zur oben angekündigten Ausnahme von der Regel der kontinuierlichen Atmosphäre. Die Dichte der Atmosphäre hängt von deren Temperatur ab, und letztere kann unter bestimmten meteorologischen Bedingungen tatsächlich einen Sprung machen. Das heißt, daß sich die Temperatur über ein kurzes Höhenintervall stark ändert. So ein Temperatursprung bewirkt also einen Dichtesprung und schafft dadurch tatsächlich so etwas wie eine Grenzfläche zwischen zwei Luftschichten. An dieser Grenzfläche tritt nun nicht nur Refraktion, sondern auch eine Spiegelung auf.

So eine Spiegelung hat jeder schon einmal gesehen: an heißen, windstillen Tagen sieht man über Straßen in einiger Entfernung so etwas wie eine „Wasserfläche“, in der sich der blaue Himmel spiegelt. Hier wird durch den aufgeheizten Asphalt eine warme Luftschicht erzeugt, die die Spiegelung verursacht.

Eine andere Form der Luftspiegelung ist die berühmte „Fata Morgana“.

Nahe am Horizont können derartige Luftspiegelungen die Sonnenscheibe noch viel drastischer verformen als die Refraktion allein, wie die Abb. 1.5 zeigt. Die Refraktion spielt ja immer eine gewisse Rolle, sie läßt sich nicht verhindern. Die Spiegelungseffekte dagegen sind nur bei speziellen meteorologischen Bedingungen vorhanden. Manchmal können auch mehrere Luftschichten übereinander liegen, wie im Falle der Abb. 1.5. Luftspiegelungen werden ausführlich in dem Buch von A. Löw (siehe Kapitel X) behandelt.

1.5 Verzerrung der untergehenden Sonne durch Spiegelung und Refraktion beim Vorhandensein unterschiedlicher Luftschichten. (Foto: P. Parviainen, Turku)

Der grüne Strahl

Der französische Schriftsteller Jules Verne hat dem grünen Strahl eine Novelle gewidmet: „Le Rayon Vert“.

Zum Schluß dieses Kapitels soll noch der berühmte „grüne Strahl“ erwähnt werden, der auch zum Thema Himmelsfarben gehört. Unter bestimmten Bedingungen kann man in dem Augenblick, in dem das letzte Segment der untergehenden Sonne unter den Horizont sinkt, für wenige Sekunden ein grünes Aufleuchten beobachten. Leider sind die dazu notwendigen Bedingungen, nämlich freier Horizont und vor allem dunstfreie Sicht bis hinunter an den Horizont, selten gegeben. Am ehesten sind sie auf hoher See erfüllt. Es gibt darüber viele verläßliche Schilderungen von wissenschaftlichen Beobachtern (z. B. in dem Buch von M. Minnaert). Schon die alten Ägypter, bei denen ja die Sonne als Gott verehrt wurde, haben davon auf einer über 4 000 Jahre alten Steinstele berichtet.

Die Erklärung dieses seltenen Schauspiels ist einfacher als seine Beobachtung. Es hängt ebenfalls mit der Refraktion zusammen. Die Lichtbrechung ist nämlich nicht für alle Wellenlängen gleich, blaues Licht wird stärker gebrochen als rotes. Bei der Erklärung des Regenbogens im nächsten Kapitel wird das näher erläutert. Da die Refraktion nahe am Horizont am stärksten ist, wird dort das letzte Lichtsegment der untergehenden Sonne in seine Spektralfarben aufgespalten. Es gibt also

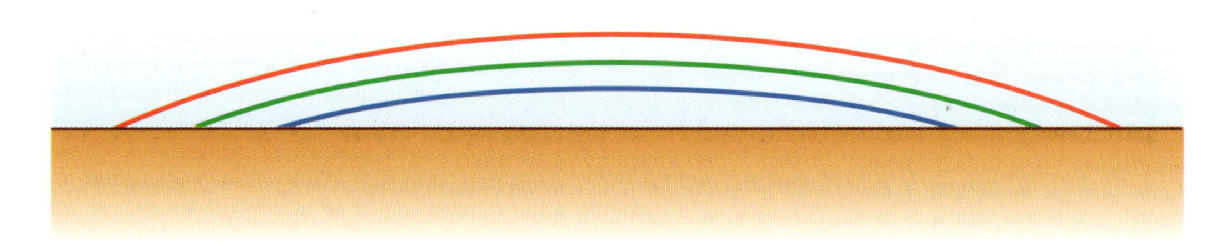

1.6 Aufspaltung des Sonnenlichts in einzelne Farben nahe am Horizont.

einen roten, grünen und blauen Sonnenrand, wie in Abb. 1.6 skizziert.

Diese Aufspaltung ist allerdings sehr klein, der Durchmesser der „roten" Sonne unterscheidet sich von dem der „blauen" nur um ein Sechzigstel des Sonnendurchmessers. Weiter weg vom Horizont ist die Aufspaltung noch kleiner, so daß sie nicht beobachtet werden kann. Da der rote Rand zuerst untergeht, liegt also für sehr kurze Zeit nur noch der grüne und blaue Rand über dem Horizont. Blaues Licht wird aber bei tiefstehender Sonne stark abgeschwächt, so daß für wenige Sekunden tatsächlich nur der grüne Rand zu sehen ist. Abb. 1.7 zeigt ein Photo dieses seltenen Phänomens.

Dieses Grün entspricht einer Wellenlänge von etwa 530 nm.

1.7 Grüner Strahl wenige Sekunden nach Sonnenuntergang. (Foto: P. Parviainen, Turku)

II. Regenbogen

Haupt- und Nebenbogen

„Am Fuße des Regenbogens liegt ein Schatz begraben!" Das hat man uns als Kindern erzählt. Leider merkten wir zu bald, daß wir den Fuß und damit den Schatz niemals erreichen können. Nähert man sich dem Bogen, so weicht er zurück. Er existiert nicht an einem festen Ort, sondern nur in einer bestimmten Richtung, die durch Brechung und Reflexion des Sonnenlichts in den Wassertröpfchen des Regens zustande kommt. Doch auch für viele Erwachsene hat der Regenbogen seine Faszination nicht verloren und beeindruckt immer wieder durch seine ästhetische Farbkombination und seine harmonische Form.

Heute wird der Regenbogen als Zeichen der unzerstörten Natur benutzt, z. B. von Greenpeace.

Regenbogen zeigen sich auf einem Vorhang aus Regentropfen, der von der Sonne beschienen wird. Vom Betrachter aus erscheint ein Regenbogen daher immer in der Gegenrichtung zur Sonne. Dieser Sachverhalt ist in Abb. 2.1 dargestellt.

Die Beobachtung zeigt, daß die Regenbogen auf konzentrischen Kreisen um den Gegenpunkt der Sonne liegen. Unter Sonnengegenpunkt versteht man einen fiktiven Punkt, der auf der Verlängerung der Verbindungslinie Sonne – Beobachter liegt (Abb. 2.1). Meistens sieht man nur den sogenannten Hauptbogen, der in einem Winkelabstand von 42° um den Sonnengegenpunkt G liegt, seltener den Nebenbogen in einem Winkelabstand

Für einen Beobachter liegt der Sonnengegenpunkt in der Richtung des Schattens seines Kopfes.

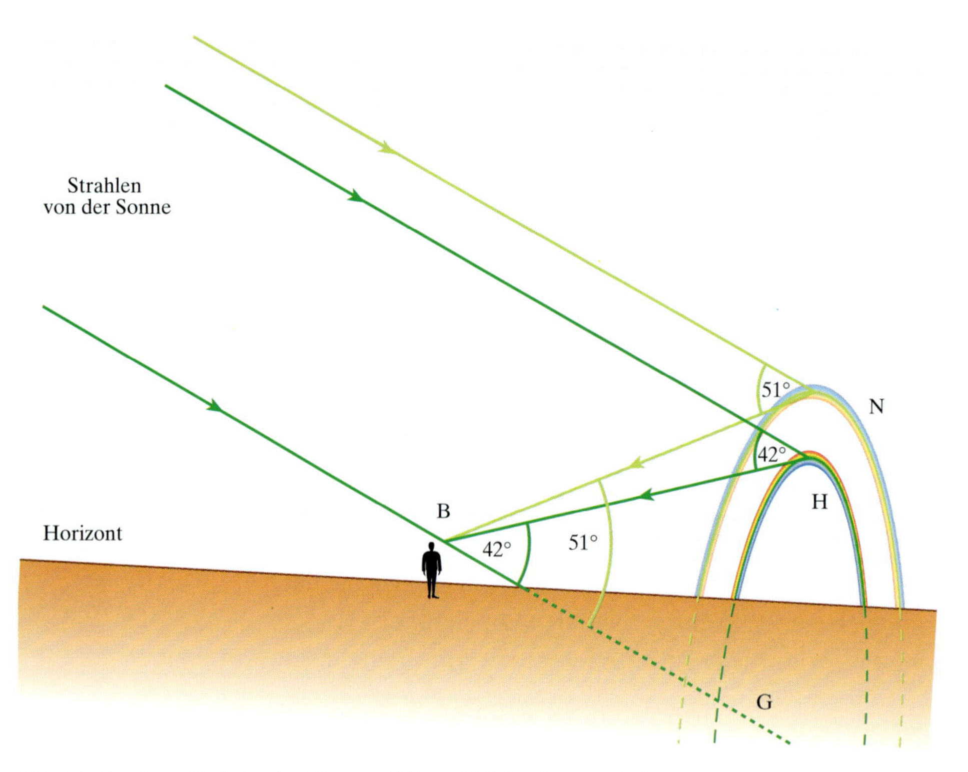

2.1 Ein Beobachter B sieht den Haupt- (H) und Nebenbogen (N) unter einem Winkelabstand von 42° bzw. 51° um den Sonnengegenpunkt G, der unter dem Horizont liegt.

von 51°. Aus der Darstellung kann man erkennen, daß der Bogen um so größer ist, je tiefer die Sonne am Himmel steht. Bei hochstehender Sonne liegt nämlich der Gegenpunkt weit unter dem Horizont, und man sieht von dem Bogen daher nur den obersten Teil oder gar nichts mehr. In unseren geographischen Breiten, wo die Sonne im Sommer über 50° hoch steht, wird man also um die Mittagszeit herum vergeblich nach einem Regenbogen Ausschau halten, selbst wenn die Sonne gerade auf eine Regenwand scheint. Unabhängig vom Sonnenstand sind aber die o. g. Winkelabstände bei jedem Regenbogen gleich, und man fragt sich natürlich, wie sie zustande kommen.

Lichtbrechung im Regentropfen

Der Sachverhalt soll anhand der Abb. 2.2 verständlich gemacht werden, in der ein Regentropfen stark vergrößert dargestellt ist. Von der Sonne geht ein Lichtstrahl aus, der diesen Tropfen im Punkt A trifft. Dort an der Grenzfläche zwischen dem dünnen Medium Luft und dem dichteren Medium Wasser wird der Strahl gebrochen (vgl. Kasten, Seite 20), dringt in den Tropfen ein und verläuft dann in seinem Inneren bis zum Punkt B. Dort wird er an der Innenseite der Oberfläche reflektiert und gelangt zum Punkt C. Der dort wiederum unter Brechung austretende Strahl, der schließlich das Auge des Beobachters erreicht, bildet mit dem ursprünglichen Sonnenstrahl einen Winkel von 42°. Das ist genau der Winkel, unter dem man den Hauptbogen beobachtet. Mathematisch kann man zeigen, daß dieser Wert nur durch den Brechungsindex des Wassers (n = 1,333) bestimmt wird. Könnte man z. B. einen Vorhang aus

*In der Abb. 2.2 und allen folgenden gilt: Das betreffende Objekt sieht man immer in der Richtung, aus der ein Lichtstrahl **kommt**, denn er geht ja von dem Objekt aus.*

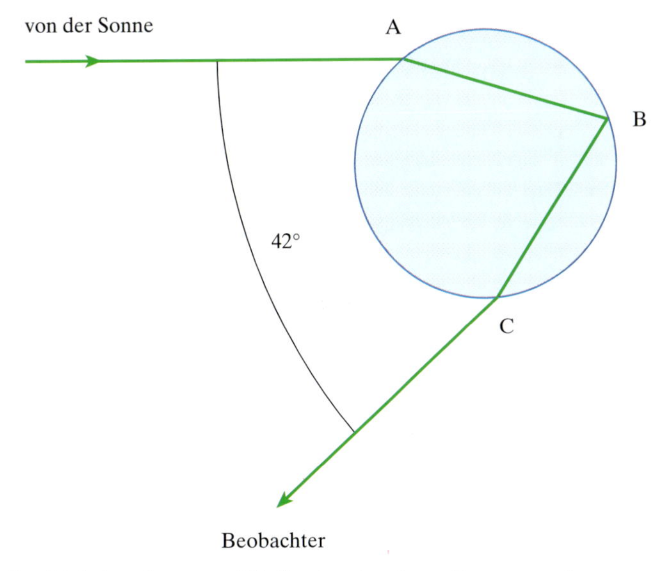

2.2 Lichtbrechung und Reflexion in einem Regentropfen.

Öltröpfchen erzeugen, auf den die Sonne scheint, so würde sich ein kleinerer Winkel ergeben.

Betrachtet man jetzt noch einmal die Abb. 2.1 und 2.2 im Zusammenhang, so erkennt man, wo ein Tropfen liegen muß, damit das in ihm gebrochene und reflektierte Licht zum Hauptbogen beiträgt. Da die Strahlablenkung im Tropfen 42° beträgt, muß er irgendwo auf dem mit H bezeichneten Bogen liegen, denn genau dann ist der Winkel Sonne – Tropfen – Beobachter gleich dem Winkel Tropfen – Beobachter – Sonnengegenpunkt.

Doch noch einmal zurück zu Abb. 2.2: Der aufmerksame Leser wird jetzt natürlich sofort fragen, warum der Strahl am Punkt C anders behandelt wurde als am Punkt B des Tropfens. Mit Recht, denn auch im Punkt C wird ein Teil des Strahls an der Innenseite der Oberfläche zurück in den Tropfen reflektiert. Abb. 2.3 zeigt einen anderen Regentropfen, bei dem diese doppelte Reflexion dargestellt ist. Der Strahl verläßt den Tropfen im Punkt D und bildet damit einen Winkel von 51° mit dem ursprünglich einfallenden Sonnenstrahl. Das ist genau der Winkel, unter dem der schwächere Nebenbogen erscheint (vgl. Abb. 2.1). Er ist schwächer als der Hauptbogen, weil ein Teil des Lichtstrahls ja den Tropfen bereits beim Punkte C verlassen hat. Noch früher, im Punkt B, verläßt ebenfalls ein Teil des Strahls den Tropfen. Den dazu gehörigen Bogen kann man jedoch nicht sehen, da er das Auge nur erreichen kann, wenn dieses in Sonnenrichtung blicken würde, und außerdem müßten die Tropfen *zwischen* Sonne und Beobachter liegen. Die sehr viel hellere Sonne überstrahlt den Bogen völlig. Der Vollständigkeit halber sei erwähnt, daß auch im Punkt A an der Außenfläche des Tropfens bereits ein Teil des auffallenden Lichtstrahls reflektiert wird.

Beim Vergleich der Abb. 2.2 und 2.3 fällt auf, daß der Punkt A einmal oben am Tropfen und einmal auf der unteren Hälfte gezeichnet wurde. Das liegt daran, daß

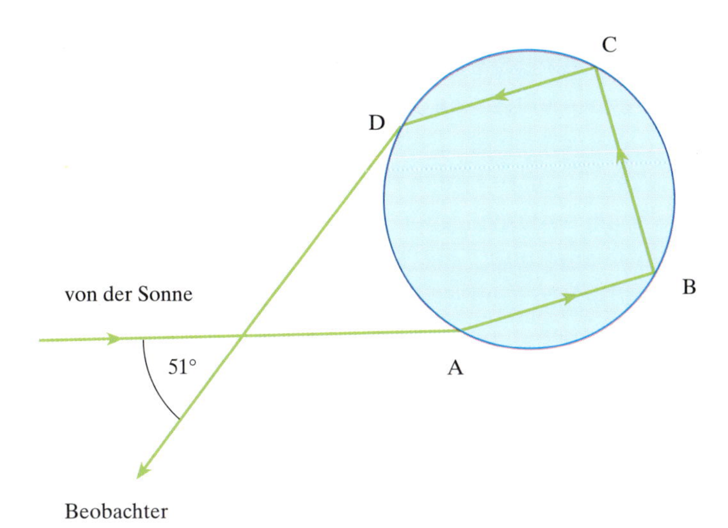

2.3 Weg des Lichtstrahls im Tropfen bei zweimaliger innerer Reflexion.

generell ein Beobachter am Erdboden angenommen wurde. Da sich in Abb. 2.3 der eintretende und der aus dem Tropfen austretende Strahl überschneiden, können nur die Strahlen zu einem Beobachter am Boden gelangen, die in die untere Hälfte des Tropfens eintreten. Die Strahlen, die in die obere Hälfte eintreten, würden nach zweimaliger innerer Reflexion schräg nach oben austreten. (Das wird verständlich, wenn man die Abb. 2.3 umdreht.) Sie können also nur von einem Beobachter wahrgenommen werden, der von oben auf den Regentropfenvorhang schaut. Das ist z. B. bei dem in Abb. 2.7 gezeigten Bogen der Fall.

Tropfen, in denen der Lichtstrahl wie in Abb. 2.3 verläuft, müssen in Abb. 2.1 auf dem mit N bezeichneten Bogen liegen. Nur dann ist der Winkel der Strahlablenkung gleich dem Winkel, unter dem wir den Nebenbogen sehen.

Noch einmal zurück zur Abb. 2.3: Man könnte ja auf die Idee kommen, daß ein Teil des Strahls auch im Punkt D innen reflektiert wird und erst danach den

Bei dreimaliger innerer Reflexion würde der Bogen unter einem Winkel von etwa 40° ***um*** *die Sonne erscheinen.*

Tropfen verläßt, bzw. noch weitere Male eine Reflexion im Inneren erleidet, bevor er schließlich austritt. Das ist im Prinzip richtig, nur kann man sich leicht vorstellen, daß die nach einer dreifachen oder noch mehrfachen Reflexion austretenden Strahlteile natürlich immer schwächer werden. Man hat die dazugehörigen Bögen in der Natur noch nie beobachtet, kann sie aber mit empfindlichen Meßgeräten im Labor nachweisen.

Der maximal abgelenkte Strahl

In Abb. 2.2 und 2.3 wurde jeweils nur ein Strahl im Tropfen betrachtet. In Wirklichkeit fällt jedoch ein ganzes Bündel von Strahlen in den Tropfen ein. Rechnet man für viele Strahlen den Weg mit dem Snelliusschen Brechungsgesetz aus, so erhält man das in Abb. 2.4 dargestellte Ergebnis. Man erkennt, daß nahe der Tropfenmitte eintretende Strahlen fast wieder in die gleiche Richtung zurückkehren, nachdem sie den Tropfen auf der unteren Seite verlassen haben. Ein Strahl, der genau in die Mitte des Tropfens – also senkrecht auf seine Oberfläche – fällt, wird sogar in sich selbst reflektiert. Die oberhalb dieses Mittelstrahls eintretenden Strahlen werden jeweils etwas weiter nach unten abgelenkt, bis hin zu dem „magischen" Winkel von 42°. In diese Richtung wird der Strahl abgelenkt, der in Abb. 2.4 dick eingezeichnet ist. Das ist der sogenannte „maximal abgelenkte Strahl". Die noch weiter oben eintretenden Strahlen erleiden dann wieder eine geringere Ablenkung. Dieses zunächst merkwürdig erscheinende Ergebnis ist die Folge des Zusammenspiels von Brechung und innerer Reflexion.

Dieser Strahl tritt bei 86% des Tropfenradius ein.

Wie man in der Abb. 2.4 erkennt, häufen sich die Strahlen in der Nähe des maximal abgelenkten Strahls

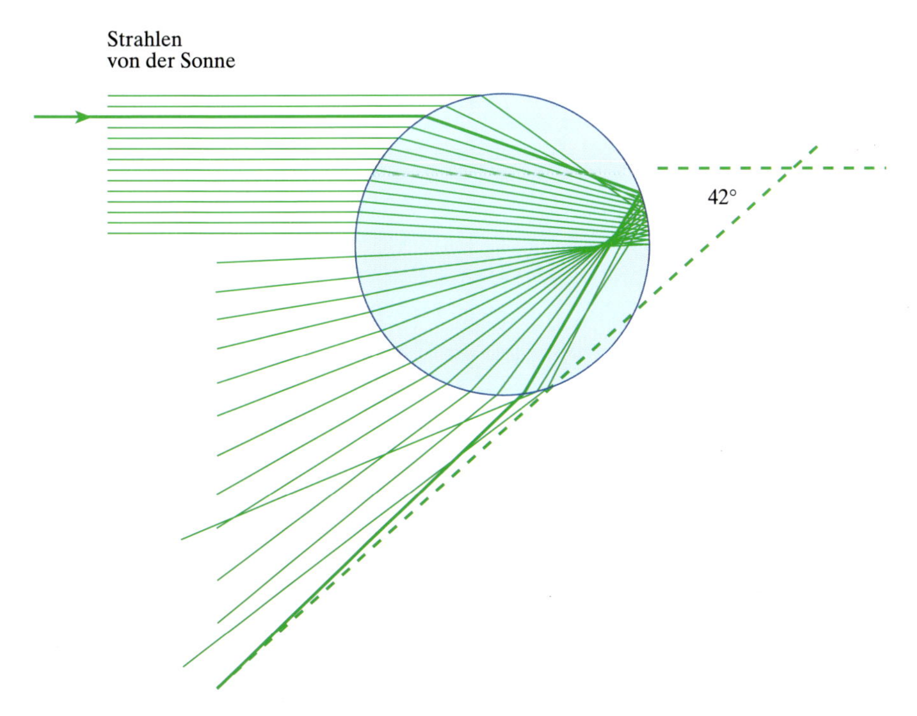

2.4 Brechung von vielen Strahlen im Regentropfen, die mit unterschiedlichen Einfallswinkeln auf die Tropfenoberfläche fallen. Der dicke Strahl erleidet die Ablenkung von 42°. (Die oberhalb davon einfallenden zwei Strahlen sind am Ende ein wenig verlängert, um sie besser verfolgen zu können.)

beim Austreten. Das heißt, daß dort eine Verstärkung des Lichts eintritt. Dieses Ergebnis ist für die Erklärung des Regenbogens von entscheidender Wichtigkeit. Nur die konzentrierten Strahlen in der Nähe des maximal abgelenkten Strahls formen den Regenbogen, alle weiter innen liegenden erzeugen lediglich eine leichte Aufhellung des Himmels (auf die weiter unten noch einmal eingegangen wird). Aufgrund dieser Strahlenhäufung ist der Regenbogen relativ schmal.

Es ist ein ähnlicher Effekt wie bei einer Glaslinse, durch die viele Strahlen auf einen Punkt fokussiert werden.

Die 42° (bzw. 51° für den Nebenbogen) gelten nicht nur in einer Ebene, sondern für alle Richtungen relativ zur Linie Beobachter – Sonnengegenpunkt. Alle diese Richtungen liegen also auf dem Mantel eines Kegels um diese gedachte Linie, dessen Spitze beim Beobachter liegt (Abb. 2.1). Auf diese Weise kommt der Bogen als Teil eines Kreises zustande. Berücksichtigen muß man dabei natürlich auch, daß es nicht nur das Licht aus einem einzelnen Tropfen ist, sondern das aus vielen Tropfen der Regenwand, das sich addiert.

Jeder Beobachter hat seinen „persönlichen" Regenbogen!

Eine weitere Tatsache sollte man sich vergegenwärtigen: Zwei oder mehrere Beobachter sehen nicht alle den gleichen Bogen. Das liegt an der Definition des Sonnengegenpunkts, um den ja der Bogen ausgebildet ist: Die Verlängerung Sonne – Beobachter bedeutet für jeden Beobachter einen etwas anderen Gegenpunkt. Man kann sich das sehr leicht klarmachen, wenn man sich links neben dem in Abb. 2.1 gezeichneten Beobachter einen zweiten kleineren vorstellt. Dann wird die Linie Sonne – kleiner Beobachter ein wenig unter der eingezeichneten Linie und sein Gegenpunkt auch etwas tiefer liegen. Da die Winkelabstände von 42° und 51° aber immer gelten, sind es also andere Tropfen, die den Bogen verursachen, den der zweite Beobachter sieht.

Die Farben des Regenbogens

Diese Erkenntnis verdanken wir Isaak Newton, der sie 1666 bei Experimenten mit Glasprismen gewann.

Bisher wurde zwar die Lage der Regenbogen erklärt, aber noch nicht, wie ihre Farben entstehen. Die Aufspaltung des weißen Sonnenlichts in seine Farben kommt durch die Abhängigkeit der Brechung von der Wellenlänge des Lichts zustande, die ja bereits im vorigen Kapitel erwähnt wurde. Für blaues Licht ist der Brechungsindex von Wasser $n = 1{,}344$, für rotes Licht $n = 1{,}329$. (Der bisher angegebene Wert von $n = 1{,}333$ gilt genaugenommen für gelbes Licht, das etwa in der Mitte des Spektrums liegt, vgl. Kasten, Seite 13.) Blaues Licht wird daher stärker gebrochen als rotes. Nach der Brechung am Punkt A ist der Strahl nicht mehr einfarbig, sondern besteht eigentlich aus mehreren verschiedenfarbigen Strahlen, die eng nebeneinander liegen. In Abb. 2.5 ist diese Tatsache mit einem roten, grünen und blauen Strahl verdeutlicht. Beim Austritt aus dem Tropfen, also bei erneuter Brechung, wird die Aufspaltung noch verstärkt. Man erkennt an dieser Darstellung auch, daß der rote Strahl mit dem ursprünglichen weißen einen etwas größeren Winkel als 42° einschließt. Er liegt also dem Sonnengegenpunkt etwas ferner und damit auf der Außenseite des Hauptbogens, wie in Abb. 2.6 zu erkennen ist. Würde man eine farbige Abbildung für eine zweifache Reflexion im Tropfen zeichnen (vgl. Abb. 2.3), so würde man feststellen, daß der rote Strahl beim Nebenbogen einen etwas kleineren Winkel als 51° bil-

In der Abb. 2.5 ist die Farbaufspaltung etwas übertrieben gezeichnet. In Wirklichkeit beträgt der Winkelunterschied zwischen dem roten und dem blauen Strahl etwa 1°.

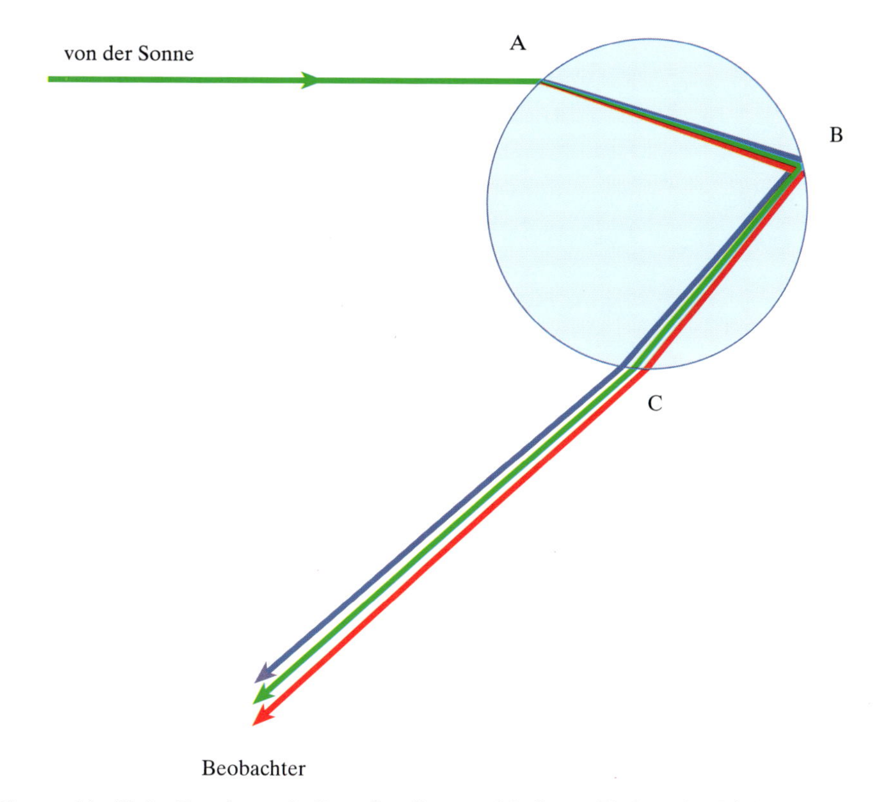

2.5 Unterschiedliche Brechungsindizes für die verschiedenen Farben des Lichtstrahls sind für die Farbigkeit des Regenbogens verantwortlich.

det und damit an der Innenseite dieses Bogens liegt. Auch das ist in Abb. 2.6 gut zu erkennen. Es liegt natürlich daran, daß sich in diesem Fall der einfallende und der austretende Strahl kreuzen, wie Abb. 2.3 zeigt.

Die theoretische Erklärung des Regenbogens, wie sie in den vorstehenden Abschnitten erläutert wurde, ist stark vereinfacht. Sie stammt in ihren Grundzügen von dem französischen Physiker *René Descartes*, der sie bereits 1637 entwickelte. Bei einer strengen physikalischen Theorie muß noch die Erscheinung der Interferenz berücksichtigt werden. Sie besagt, daß sich Strahlen gegenseitig auslöschen können, die bestimmte Laufzeitdifferenzen im Tropfen aufweisen. Diese genaue Theorie wurde 1836 von dem englischen Physiker *Georg Airy* entwickelt und setzt erhebliche mathematische Kenntnisse voraus. Sie erklärt auch die sogenannten Sekundärbogen, die manchmal beobachtet werden. In Abb. 2.6 sind sie als schwach leuchtende, farbige Bogen an der Innenseite des Hauptbogens zu erkennen. Nach der einfachen Theorie von Descartes ist dort keine Farberscheinung zu erwarten.

Mit Airys Theorie kann man zeigen, daß die Sekundärbogen immer dann auftreten, wenn alle Tropfen im Regenschauer nahezu gleich groß sind.

Eine weitere Eigenheit der Regenbogen, die in Abb. 2.6 zu erkennen ist, läßt sich aber wieder mit der einfachen Theorie erklären. Wie man sieht, ist der Himmel generell unterhalb des Hauptbogens etwas heller als zwischen Haupt- und Nebenbogen. Die Erklärung liefert wieder die Abb. 2.4. Die vielen Strahlen, die in dem Raum zwischen dem Mittelstrahl und dem maximal abgelenkten Strahl liegen, erzeugen diese Aufhellung. Fokussiert sind nur die Strahlen um 42° herum, dort beobachtet man auch die Farben. Die diffus in den inneren Bereich des Hauptbogens abgelenkten Strahlen erzeugen nur eine zusätzliche Helligkeit. (Besonders gut ist diese Aufhellung auch in Abb. 2.7 zu sehen.) Nach dem gleichen Effekt sollte übrigens auch der Bereich außerhalb des Nebenbogens wieder etwas heller sein. Auch das ist in Abb. 2.6 andeutungsweise zu sehen, wenn

Der Bereich zwischen Haupt- und Nebenbogen, in den keine zusätzlichen Strahlen gelangen können, wird auch als „Alexanders Dunkelband" bezeichnet.

2.6 Haupt- und Nebenregenbogen, aufgenommen bei tiefstehender Sonne in Ramfjord, Nordnorwegen. (Foto: V. Thiel, Northeim)

auch die Aufhellung nur sehr gering ist. Das liegt natürlich daran, daß das zweimal im Tropfen reflektierte Licht beim Austritt nur noch schwach ist.

Noch einmal zurück zur genauen Theorie des Regenbogens. In diese Theorie geht auch die Größe der Regentropfen ein, die ja in der bisherigen Beschreibung keine Rolle spielte. Es zeigt sich, daß der Tropfenradius die Intensität und die Helligkeit der Farben relativ zueinander beeinflußt. In dem Buch von Pernter (siehe Kapitel X) werden Regeln angegeben, die aus Airys Theorie folgen und die es gestatten, aus den Farben etwas über die Tröpfchengröße auszusagen:

- Intensives Violett, kein Blau, aber lebhaftes Grün und reines Rot weisen auf einen Tropfenradius von 0,5 bis 1 mm hin.

- Sind die Farben im Sekundärbogen nur grün und violett (wie in Abb. 2.6!), und ist das Rot im Hauptbogen nur schwach, so liegt der Tropfenradius bei etwa 1/4 mm.
- Auffälliges Gelb in den Sekundärbogen und kein reines Rot im Hauptbogen kennzeichnet Tröpfchen von 0,1 bis 0,15 mm Radius.

Die Sonne muß auf eine Nebelwand scheinen, um den Nebelbogen zu erzeugen.

Bei sehr kleinen Tröpfchen (< 0,05 mm), zeigt sich lediglich ein weißer Bogen, der Nebelbogen genannt wird, weil so kleine Tropfen hauptsächlich im Nebel vorkommen. Man darf ihn nicht mit dem im nächsten Kapitel beschriebenen Halo verwechseln, der immer um die Sonne herum erscheint.

Regenbogen entstehen nicht nur, wenn die Sonne auf eine Regenwand fällt. Man kann sie auch bei geeigneter Beleuchtung an Springbrunnen, Wasserfällen (Abb. 2.7) oder in der Gischt der Bugwelle von Schiffen beobachten. Auch ungewöhnliche Formen von Regenbogen können auftreten: Liegt eine spiegelnde Wasserfläche **hinter** dem Beobachter, so können nicht nur Strahlen direkt von der Sonne in die Regentropfen eintreten, die den normalen Regenbogen erzeugen, sondern auch Strahlen, die vorher im Wasser gespiegelt wurden. Der auf diese Weise entstehende Bogen hat die gleiche Form wie der normale Regenbogen, liegt aber höher, d. h. sein Zentrum (scheinbarer Sonnengegenpunkt) liegt über dem Horizont. Dabei berühren sich beide Bogen an ihren Fußpunkten. Eine andere Form von Reflexion kann passieren, wenn der Beobachter eine spiegelnde Wasserfläche **vor** sich hat. Dann spiegeln sich der Bogen oder Teile davon im Wasser. Diese gespiegelten Bogen sowie auch der sogenannte Taubogen, der über einer mit Tautröpfchen übersäten Wiese sichtbar sein kann, werden ausführlich in dem Buch von M. Minnaert (siehe Kapitel X) beschrieben und dokumentiert.

Er liegt in genau der gleichen Höhe wie die Sonne selbst, aber ihr gegenüber.

Kann ein Regenbogen auch bei der Beleuchtung einer Regenwand durch den Mond entstehen? Im Prinzip ist

2.7 Regenbogen über den Victoria-Fällen am Sambesi-Fluß, Simbabwe. (Foto: M. Kosch, Katlenburg-Lindau)

das möglich, nur kann man ihn nicht farbig sehen. Das liegt an einer physiologischen Besonderheit des Auges. Es enthält die sogenannten Zäpfchen, mit denen man Farben sehen kann, und die um vieles empfindlicheren Stäbchen, die nur hell-dunkel unterscheiden können. Schwaches Licht kann also nicht farbig gesehen werden. Das farbige Licht von einem „Mondregenbogen" ist in der Tat so schwach, daß man ihn nur als farblosen Bogen erkennen kann.

„Nachts sind alle Katzen grau!"

III. Halo-Erscheinungen

Historisches

Regentropfen sind kugelförmig, und eine Kugel besitzt keine besonders ausgezeichnete Lage im Raum. Anders ist das z. B. bei Eiskristallen. Sie haben meistens eine sechseckige Form, entweder als Säule oder als Plättchen, wie weiter unten in Abb. 3.3 dargestellt. Diese Kristalle können nun sehr wohl verschiedene Orientierungen im Raum einnehmen. Dringen Sonnenstrahlen in die Kristalle ein, so werden sie in vielfacher Weise gespiegelt und gebrochen. Die Leuchterscheinungen, die dabei entstehen, bezeichnet man als Halo. Das Wort stammt aus dem Griechischen und bezeichnet eigentlich eine runde Fläche.

Angeblich wurden Halos schon auf Keilschrifttafeln in Assyrien im 7. Jahrhundert v. Chr. als Wetterboten beschrieben. Auch *Aristoteles* glaubte, daß Nebensonnen (s. u.) Sturm ankündigen. Generell wurden diese „Zeichen am Himmel" als Wunder oder Vorzeichen gesehen, bevor man sie in den letzten 200 Jahren wissenschaftlich zu erklären versuchte. Die älteste wissenschaftliche Beschreibung einer Halo-Erscheinung, die uns überliefert ist, stammt aus dem Jahre 1630 und wurde von dem deutschen Jesuitenpater *Christoph Scheiner* verfaßt. Scheiner war ein bedeutender Mathematiker, Physiker und Astronom seiner Zeit, der in Ingolstadt und Freiburg lehrte. Seine Darstellung des Halo-Ereig-

Das Kreuz, das der römische Kaiser Konstantin am Himmel gesehen haben soll und das seine Bekehrung zum Christentum auslöste, könnte nach Aussage verschiedener Forscher ein Lichtkreuz (s. u.) gewesen sein.

nisses, das er während eines Besuchs in Rom beobachtete, ist in Abb. 3.1 wiedergegeben. Scheiner hat dieses Ereignis nur mit Worten beschrieben, die Zeichnung wurde erst etwa 70 Jahre später von dem holländischen Physiker *Christiaan Huygens* nach Scheiners Bericht angefertigt. Sie zeigt verschiedene Bogen und Kreise um die Sonne S, die im Laufe dieses Kapitels genauer erläutert werden. Hätte man damals ein Foto der Halo-Erscheinung machen können, so hätte es vermutlich ähnlich ausgesehen wie die Abb. 3.2. Die Ringe und Bögen darauf sind längst nicht so lichtstark wie ein Regenbogen, manche Details sind nur schwach sichtbar.

Scheiner beschrieb lediglich seine Beobachtung, ohne eine Erklärung für das Phänomen anzugeben. Das gilt

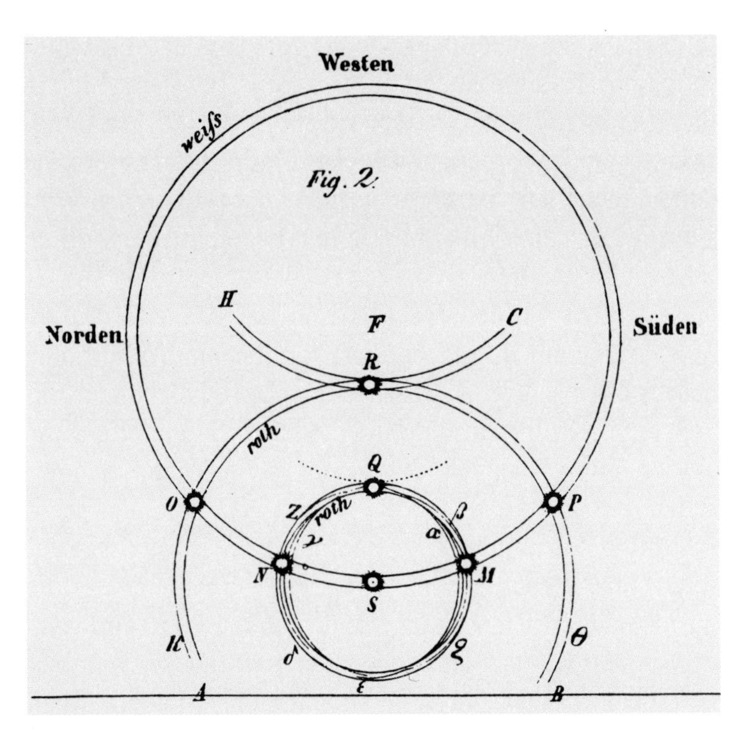

3.1 Historische Beschreibung einer Halo-Erscheinung, beobachtet von Christoph Scheiner im Jahre 1630. (nach Pernter-Exner)

3.2 Verschiedene Halo-Phänomene, Erklärung im Text. (Foto: P. Parviainen, Turku)

auch für ein weiteres mehrfaches Halo-Ereignis, das in die Wissenschaftsgeschichte einging. Es wurde 1661 von dem Danziger Astronom *Johannes Hevelius* beobachtet und ausführlich beschrieben. Eine erste Deutung stammt von dem bereits erwähnten Holländer Huygens aus dem Jahre 1703. Er nahm an, daß die Halos durch Lichtbrechung in Kügelchen entstünden, deren Inneres undurchsichtiger Schnee sei und die ringsum mit Wasser umgeben seien. Der Franzose *Edme Mariotte* wies als erster im Jahre 1681 auf Eiskristalle als Ursache hin, nachdem er im Mikroskop Reif und Schneeflocken untersucht und ihre regelmäßige Form erkannt hatte.

„Am Sonntag den 20. Februar neuen Stiles 1661 etwa 11 Uhr, da die Sonne in der Nähe des Meridians sich befand und der Himmel ringsum heiter erschien, zeigten sich am Himmel mit vollendeter Klarheit gleichzeitig sieben Sonnen, die zum Teil weiß, zum Teil aber mehrfarbig waren, ...“, Hevelius, 1672.

Eiskristalle in der Atmosphäre

Die Eiskristalle, die einen Halo hervorrufen, entstehen meist in großer Höhe (8–10 km), wo es entsprechend kalt ist. Ihr Vorhandensein wird durch dünne Wolken angezeigt, die man als Cirruswolken („cirrus" lat. Feder) bezeichnet. Die Kristalle bilden sich durch Anlagern von Wasserdampf an in der Luft schwebende Staubteilchen bei Temperaturen unter –6° C. Ist genügend Wasserdampf vorhanden, so wachsen sie in ihrer Größe weiter an. Die Kristalle bilden dabei um so gleichmäßigere Formen, je langsamer dieses Wachstum vor sich geht. Eine langsame Zunahme der Sättigung der Luft mit Wasserdampf ist daher Voraussetzung für das Ausbilden der in Abb. 3.3 gezeigten, regelmäßigen Kristallformen. Eine langsame Sättigungszunahme geschieht in der Atmosphäre z. B. beim Aufgleiten von warmer, feuchter Luft auf kalte Luft, was beim Durchgang einer Warmfront passiert. Cirruswolken sind daher oft das erste Anzeichen eines sich nähernden Tiefdruckgebiets. Kleine Kristalle (einige Zehntel Millimeter) können lange in der Luft schweben, bis sie zum Erdboden sinken, sie nehmen dabei keine bevorzugte Lage ein. Größere Kristalle weisen eine entsprechend höhere Sinkgeschwindigkeit auf und nehmen beim Fallen automatisch eine Lage ein, die durch einen maximalen Luftwiderstand gekennzeichnet ist. Die Plättchen liegen dabei horizontal, die Säulen mit ihrer Längsachse parallel zum Erdboden, wie in Abb. 3.3 dargestellt.

Der Durchmesser der Kristalle liegt zwischen einigen Zehntel und wenigen Millimetern.

Beim Durchgang einer Warmfront sind anfangs die Cirruswolken noch so dünn, daß die Sonne hindurchscheinen kann. Sie ist in diesem Fall in der Regel von einem weißen Ring umgeben, der einen Winkelabstand von 22° vom Sonnenmittelpunkt hat. Dieser sogenannte 22°-Ring ist die häufigste Halo-Erscheinung in der At-

Ein Meßgerät, das einen Winkel von etwa 22° anzeigt, trägt jeder mit sich herum: Man strecke den Arm aus und spreize Daumen und Finger auseinander. Peilt man jetzt einmal über die Spitze des Daumens und dann über die Spitze des kleinen Fingers, so entspricht der Winkelabstand zwischen beiden Richtungen etwa 20° bis 25°.

3.3 Eiskristallformen, wie sie in Eiswolken häufig vorkommen.

mosphäre. Die Scheinersche Beobachtung zeigt diesen Halo als Ring N-Q-M um die Sonne S, auch in Abb. 3.2 ist er gut zu erkennen.

Der 22°-Halo

Wie entsteht nun dieser Ring? Das Prinzip ist in Abb. 3.4 dargestellt, es ist ähnlich wie beim Regenbogen. Ein Lichtstrahl dringt durch eine Seitenfläche einer liegenden Eiskristallsäule ein (Punkt A), wird an dieser Stelle gebrochen, breitet sich geradlinig im Kristall aus und tritt ebenfalls unter Brechung an der übernächsten Kristallfläche wieder aus (Punkt B). Drei Unterschiede gibt es gegenüber dem Regenbogen:

- die Begrenzung des verursachenden Objekts ist nicht rund, sondern sechseckig,
- der Brechungsindex beträgt nicht n = 1,333 wie beim Wasser, sondern n = 1,310 für das Eis,

– der Winkel von 22° wird direkt um die Sonne herum beobachtet und nicht um den Sonnengegenpunkt wie beim Regenbogen.

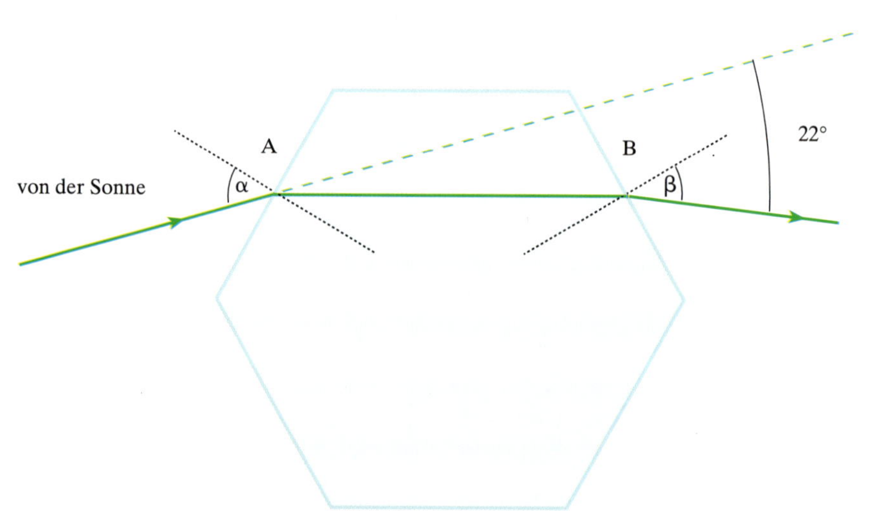

3.4 Lichtbrechung in einem Eiskristall.

Der Einfallswinkel α kann natürlich beliebige Werte annehmen. Verschiedene Einfallswinkel ergeben sich z. B., wenn man den Kristall um seine Längsachse dreht, wie in Abb. 3.5 dargestellt. Für jede Stellung beim Drehen ergibt sich ein anderer Austrittswinkel. Man erkennt, daß bei 22° ein „minimal abgelenkter Strahl" vorliegt, d. h., kleinere Ablenkwinkel als 22° kommen nicht vor. Wie beim Regenbogen häufen sich auch hier die Strahlen um diesen Grenzwinkel, dort beobachtet man also den Halo. In der Natur braucht sich ein einzelner Kristall nicht wirklich zu drehen, sondern die Lichtkonzentration kommt dadurch zustande, daß die vielen in der Eiswolke vorhandenen Kristalle alle eine etwas andere Lage aufweisen.

Wie der Ring als Ganzes zustandekommt, veranschaulicht die Abb. 3.6. Natürlich liegen die Eiskristalle

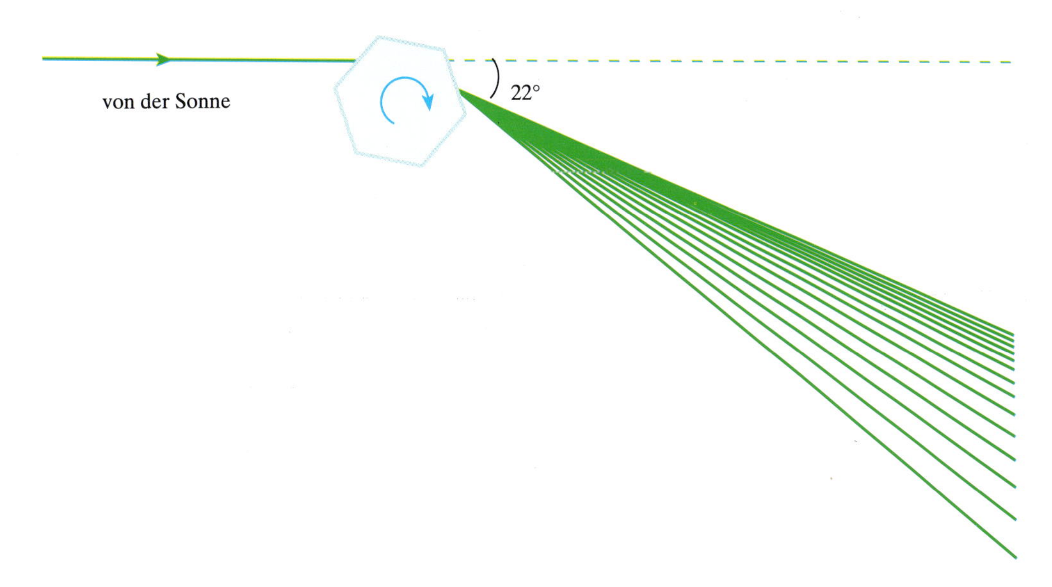

3.5 Lichtkonzentration beim Einfall vieler Strahlen (hier durch Drehung des Kristalls realisiert).

nicht nur auf dem gezeichneten Kreis und auch nicht nur in der gezeigten Anordnung. Ein Beobachter sieht aber wegen der 22°-Lichtablenkung nur die Wirkung der Kristalle, die genau in dieser Anordnung auf dem gezeichneten Kreis liegen. Von den Millionen Eiskristallen in einer Wolke gibt es immer genügend, die genau diese Bedingung erfüllen. Allgemein läßt sich also sagen, daß für den 22°-Halo keine besondere Orientierung der Eiskristalle notwendig ist.

Wenn eine größere Anzahl von Säulen-Kristallen aber tatsächlich mit ihrer Längsachse genau horizontal liegt, beobachtet man zusätzlich zum 22°-Halo noch dessen sogenannte Berührungsbogen. Diese Lage der Säulen ist recht häufig, da es, wie bereits erwähnt, die Lage des größten Fallwiderstands ist. Der obere Berührungsbogen ist sowohl in Scheiners Darstellung (punktierter Bogen durch Q), als auch in Abb. 3.2 und sehr deutlich in Abb. 3.15 zu sehen. Wenn die Sonne genügend hoch steht, ist manchmal auch der untere Berührungsbogen

Häufig ist der obere Berührungsbogen nur als eine Aufhellung des oberen Randes des 22°-Halos zu erkennen.

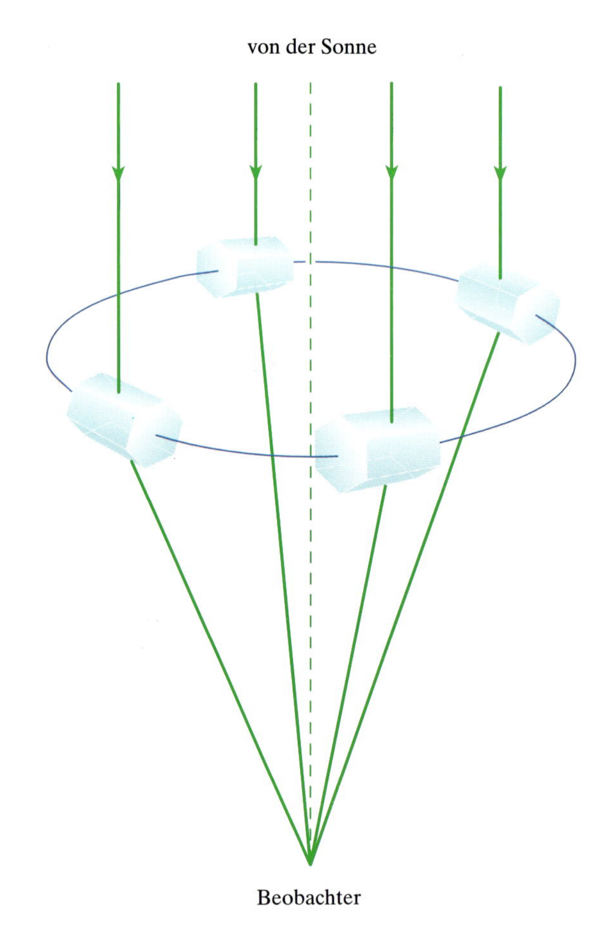

3.6 So kommt der Halo als Ring zustande.

sichtbar, der sich an den unteren Rand des 22°-Halos anschmiegt. In extrem seltenen Fällen sind unterer und oberer Berührungsbogen miteinander verbunden, sie bilden dann den sogenannten umschriebenen Halo, der den 22°-Halo umgibt.

Da auch bei dieser Lichtbrechung, wie im Fall des Regenbogens, das rote Licht schwächer gebrochen wird als das blaue, erscheint der Innenrand des Halos rötlich. Die Farbe, die auch oft ins bräunliche geht, ist aber – wenn überhaupt – nur an dieser Stelle des Halos zu beobachten (siehe Abb. 3.2 und besonders deutlich in

3.7 Sehr gut ausgebildeter 22°-Halo, bei dem besonders der rötlich-braune Innenrand zu sehen ist. (Foto: M. Kosch, Katlenburg-Lindau)

Abb. 3.7). Im Hauptteil des Rings überlagern sich meist alle Farben, und er erscheint daher weiß. Man würde vielleicht erwarten, daß der Außenrand des Halos bläulich gefärbt ist. Der Außenrand ist aber nicht scharf, wie man aus der Abb. 3.5 entnehmen kann, sondern die Helligkeit nimmt langsam nach außen hin ab, daher tritt auch kein blauer Saum auf.

Der Innenrand ist scharf, weil er dem minimal abgelenkten Strahl entspricht.

Der 46°-Halo, Nebensonnen

Fotografieren kann man den 46°-Halo nur mit einem Weitwinkelobjektiv.

Ein weit größerer Ring, mit einem Halbmesser von 46°, entsteht, wenn ein Lichtstrahl eine Seitenfläche und eine Grundfläche des Kristalls durchkreuzt, wie in Abb. 3.8 dargestellt. In Scheiners Beschreibung ist das der Ring A-O-R-P-B, in Abb. 3.2 ist er schwach angedeutet. Wegen seiner beträchtlichen Größe am Himmel ist er, wenn überhaupt, meist nur stückweise zu sehen, denn es gibt selten Eiswolken, die gleichmäßig einen so großen Bereich des Himmels überdecken. Wie man aus der Tabelle am Ende dieses Kapitels entnehmen kann, tritt dieser große Halo erheblich seltener auf als der kleine 22°-Halo.

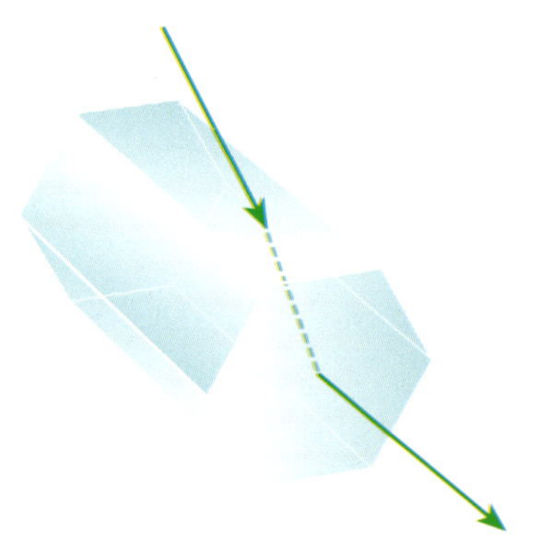

3.8 Eintritt der Lichtstrahlen durch eine Seitenfläche und Austritt durch eine Grundfläche des Eiskristalls verursacht den großen Halo.

Häufiger als diesen großen Ring kann man Nebensonnen beobachten. Sie liegen stets auf gleicher Höhe wie die Sonne und erscheinen häufig nur als Aufhellungen des 22°-Halo. Sie entstehen durch Eisplättchen, die fast genau horizontal ausgerichtet sind, wie in Abb. 3.3 links dargestellt. Steht die Sonne nahe am Horizont, so fallen die Lichtstrahlen parallel zur Grundfläche des Plättchens ein, und der Strahlengang verläuft genau wie in Abb. 3.4. Es ergibt sich also ebenfalls eine Aufhellung beim Winkelabstand von 22°. Weil die Plättchen dünn und horizontal ausgerichtet sind, sieht man statt eines Bogens jedoch nur zwei helle Flecke rechts und links von der Sonne. In der Zeichnung von Scheiner sind diese Nebensonnen durch die Punkte N und M charakterisiert, auch in dem Foto (Abb. 3.2) kann man sie deutlich erkennen. Besonders kräftig sind die Nebensonnen in klarer und staubfreier Luft, wie die Abb. 3.9 zeigt, die in der Antarktis aufgenommen wurde.

Beide Nebensonnen treten nicht notwendigerweise zusammen auf. Je nach Lage der Eiswolke zur Sonne kann auch nur die rechte oder nur die linke Nebensonne sichtbar sein.

3.9 Sehr deutlich ausgeprägte Nebensonnen bei tiefstehender Sonne in der Antarktis (nahe der südafrikanischen Forschungsstation SANAE). Der 22°-Halo ist ebenfalls schwach angedeutet. Die Sonne zeigt andeutungsweise das Phänomen des „Lichtkreuzes". (Foto: M. Kosch, Katlenburg-Lindau)

Die Nebensonnen erscheinen nur bei tief stehender Sonne in den 22°-Halo eingebettet, mit zunehmender Sonnenhöhe wandern sie nach außen weg (siehe Abb. 3.15).

Spiegelungshalos

Die drei oben beschriebenen Halo-Formen gehören zur Klasse der Brechungshalos, weil bei ihrer Entstehung das Licht im Innern der Kristalle gebrochen wird. Daneben gibt es auch noch die sogenannten Spiegelungshalos, bei denen das Licht nur an einer Oberfläche des Kristalls reflektiert wird. Zu diesen Spiegelungshalos gehört z. B. der „Horizontalkreis", der einen Kreis (oder meist nur ein Stück davon) darstellt, der durch die Sonne, aber parallel zum Horizont verläuft. Bei Scheiner (Abb. 3.1) ist dies der Kreis S-M-P-O-N, der sich bis in den Westen erstreckt. In Abb. 3.2 ist er stückweise besonders rechts und links von den Nebensonnen zu erkennen. Da er – wenn vorhanden – immer durch die Nebensonnen verläuft, wird er in der älteren Literatur auch mit Nebensonnenring bezeichnet. Fast vollständig ist er in Abb. 3.15 zu sehen.

Huyghens hat in seiner Zeichnung, nach den Angaben Scheiners, den Horizontalkreis, der ja eigentlich senkrecht zur Zeichenebene verläuft, in diese hineingeklappt.

Der Horizontalkreis kommt zustande, wenn das Sonnenlicht an einer senkrecht stehenden Kristallfläche reflektiert wird. Abb. 3.10 veranschaulicht das Prinzip. Man sieht, wie bei einem Spiegel, ein Spiegelbild der Sonne hinter der reflektierenden Fläche. Stellt man sich vor, daß die Flächen vieler Eiskristalle zwar alle senkrecht stehen, die Kristalle aber jeweils etwas anders um ihre Längsachse gedreht sind, so liegen die gespiegelten Sonnenabbilder alle auf dem gestrichelt gezeichneten Kreis und verursachen genau dort eine Aufhellung.

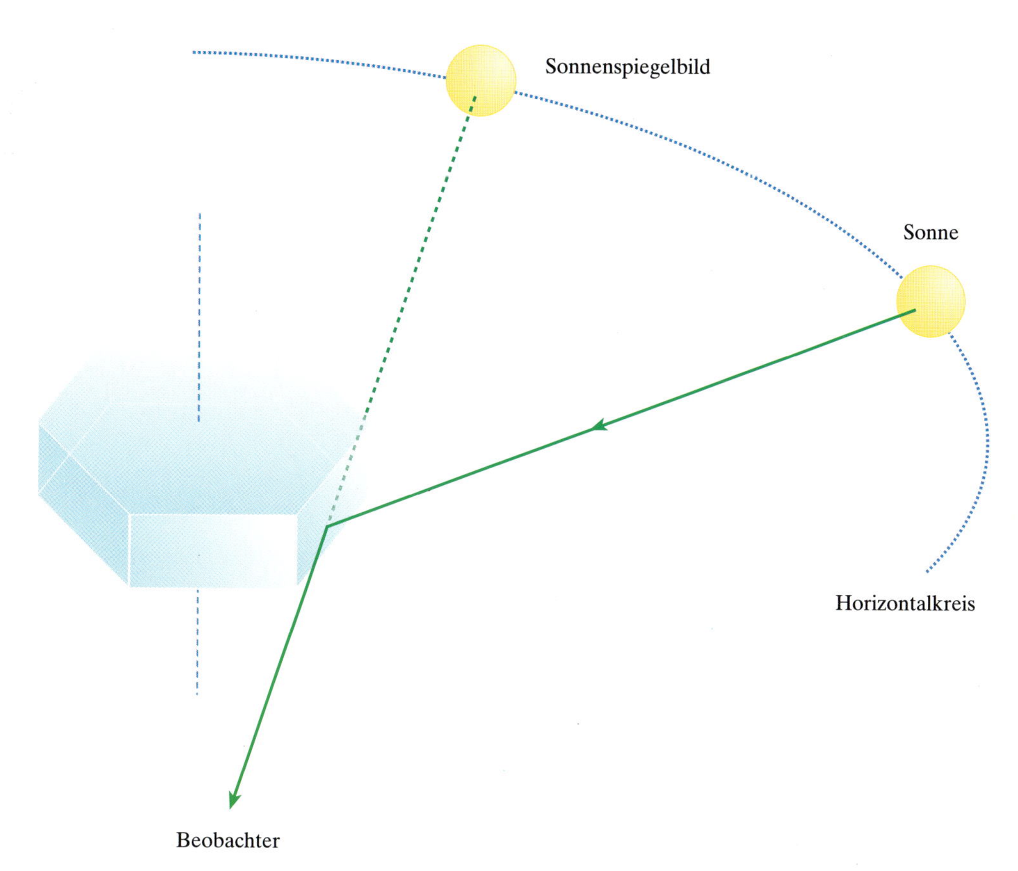

3.10 Der Horizontalkreis kommt durch Spiegelung der Sonnenstrahlen an einer senkrecht stehenden Kristallfläche zustande.

Häufiger als der Horizontalkreis ist die sogenannte Lichtsäule zu beobachten. Sie kommt durch die Spiegelung der Sonnenstrahlen an der Grundfläche von Kristallen zustande, die um ihre senkrechte Achse pendeln, wie die Abb. 3.11 verdeutlicht. Wird die vertikale Achse jeweils um einen kleinen Winkelausschlag gekippt, so wandert das reflektierte Sonnenbild am Himmel auf und ab. Dabei kommt es, wie oben schon beim 22°-Brechungshalo erläutert, nicht auf die Bewegung eines einzelnen Kristalls an. Die Lichtsäule kommt vielmehr dadurch zustande, daß jeder der Millionen von Kristallen in der Luft immer gerade eine etwas andere Kipplage aufweist.

Man kann sich leicht überlegen, daß ein Kippen um einen Winkel α das Sonnenspiegelbild um den Winkel 2α verschiebt.

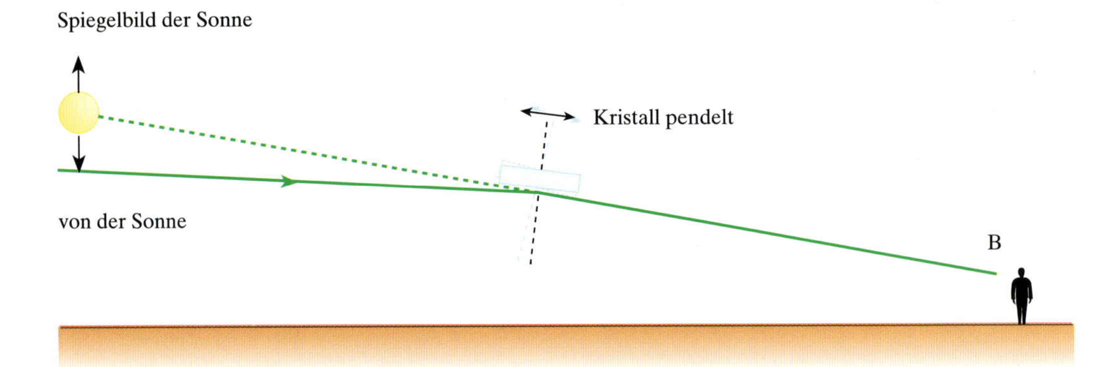

3.11 Zur Entstehung der Lichtsäule.

Wegen der Lichtstreuung nahe am Horizont erscheint die Lichtsäule oft rötlich (vgl. Kap.I).

Aus Abb. 3.11 kann man entnehmen, daß das Ganze nur funktioniert, wenn die Sonnenstrahlen fast streifend auf die Unterseite des Kristalls auftreffen, d. h., wenn die Sonne sehr nahe am Horizont steht. Das ist auch bei der sehr schönen Aufnahme Abb. 3.12 der Fall, die während der Mitternachtssonne in Finnland entstand.

Bei der in Abb. 3.11 dargestellten Situation sieht man die Lichtsäule **über** der Sonnenscheibe. Erfolgt die Spiegelung an der Oberseite des Plättchens, so kann man sich leicht überlegen, daß dann die Lichtsäule **unter** der Sonne liegt. Häufig treten beide Säulen gleichzeitig auf, nur ist dann der untere Teil wegen der schon nahe am Horizont stehenden Sonne nicht mehr sichtbar.

Ist neben der Bedingung für die Lichtsäule auch noch die für den Horizontalkreis (s. o.) gegeben, so kann es zur Erscheinung des sogenannten Lichtkreuzes kommen, in dessen Mittelpunkt die Sonne liegt. Die obere und untere Lichtsäule bilden dabei den Längsbalken des Kreuzes, ein Stück des Horizontalkreises ist der Querbalken.

Zu den Spiegelungshalos gehört auch die sehr seltene Gegensonne. Sie liegt, wie schon der Name sagt, der Sonne am Himmel genau gegenüber. Sie ist in den Horizontalkreis eingebettet, der ja in Sonnenhöhe um den

3.12 Lichtsäule auf der Mitternachtssonne in Finnland. (Foto: O. Farago, Stuttgart)

Horizont läuft. Abb. 3.13 zeigt ein Foto dieser Erscheinung. Die Gegensonne kommt vermutlich durch eine Winkelspiegelung an einem Vierlingskristall zustande, wie die Abb. 3.14 verständlich macht. Wie man aus ihr erkennt, unterscheiden sich der einfallende und der gespiegelte Strahl in ihrer Richtung um 180°, daher liegt die Gegensonne um genau diesen Winkelbetrag von der wirklichen Sonne entfernt, also ihr gegenüber. Eine Beobachtung dieser Halo-Erscheinung ist natürlich nur bei tiefstehender Sonne möglich, andernfalls läge die Gegensonne ja unter dem Horizont. Das seltene Vorkommen ist offenbar darauf zurückzuführen, daß solche Vierlingskristalle nur sehr selten gebildet werden. Sie fallen senkrecht zu ihrer Symmetrieachse; so wie sie in Abb. 3.14 gezeichnet sind, würde man sie von oben sehen.

Solche Kristalle, die aus vier Säulen mit sechseckigem Querschnitt zusammengesetzt sind, hat man in der Atmosphäre nachgewiesen.

3.13 Sehr seltenes Bild einer Gegensonne. Sie erscheint als Verdickung des Horizontalkreises am Himmel genau gegenüber der Sonne. Fotografiert auf dem Fichtelberg im Erzgebirge. (Foto: H. Gäbler, Radebeul)

Die Untersonne hat oft einen größeren Winkeldurchmesser als die wirkliche Sonne, was auf ein leichtes Pendeln der Plättchen zurückzuführen ist.

Einen weitaus häufigeren Spiegelhalotyp kann man vom Flugzeug aus beobachten: die „Untersonne". Hierfür müssen ebenfalls waagerecht liegende Kristallflächen vorhanden sein (Oberfläche von Plättchen). Befindet sich der Beobachter nun über der Eiswolke, d. h. auf einem Berg oder in einem Flugzeug, dann bilden die vielen waagerecht liegenden Kristallflächen einen halbdurchlässigen Spiegel, in dem das Bild der Sonne erscheint, ähnlich wie auf einer Wasseroberfläche. Bewegt sich der Beobachter (im Flugzeug), dann huscht das Sonnenabbild mit der gleichen Geschwindigkeit über die Eiswolke dahin.

Spiegelungshalos sind im allgemeinen deutlich schwächer als Brechungshalos, weil an Eisoberflächen nur etwa 2 % des auffallenden Lichts reflektiert werden.

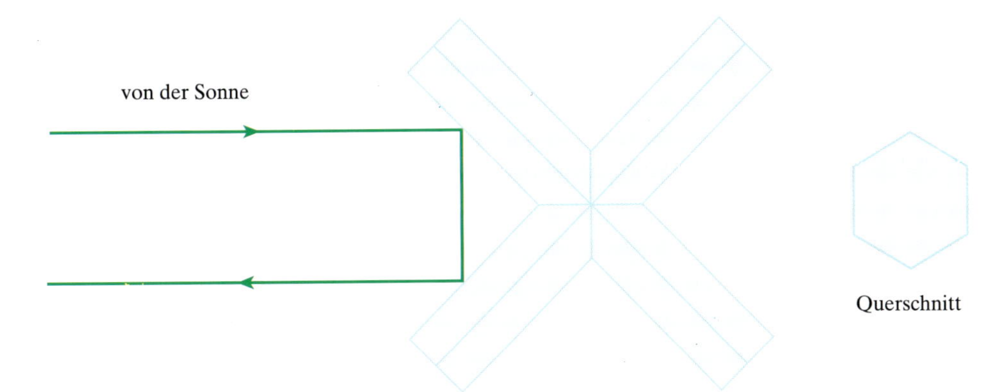

3.14 Die Gegensonne kommt durch Winkelspiegelung an einem Vierlingskristall zustande.

Weitere Halo-Erscheinungen

Neben den bisher beschriebenen Halotypen gibt es noch eine Reihe anderer Halo-Erscheinungen, die allerdings nur selten zu beobachten sind. Dazu gehören z. B. die in der Scheinerschen Zeichnung mit O und P bezeichneten Nebensonnen, die in den großen Halo eingebettet erscheinen. Man vermutet, daß auch sie durch zusammengesetzte Kristalle verursacht werden. Auch der oben an den 46°-Halo anliegende Bogen, der in Abb. 3.2 ganz schwach angedeutet, und der bei Scheiner durch den Bogen H-R-C bezeichnet ist, gehört zu den selteneren Halo-Formen. Er wird als Zirkumzenitalbogen bezeichnet. Es sind einige Fälle dokumentiert, in denen er als voller Ring ausgebildet war. In diesem Fall liegt sein Zentrum genau im Zenit, wodurch sich sein Name erklärt. Der Zirkumzenitalbogen kommt durch den in Abb. 3.8 gezeichneten Brechungsvorgang zustande, wobei aber die Säulen senkrecht stehen müssen.

Ein berühmtes Halo-Phänomen, das immer wieder in der Fachliteratur erwähnt wird, ist am 18. Juli 1794 in St. Petersburg beobachtet und von *Tobias Lowitz* für die dortige Akademie der Wissenschaften aufgezeichnet worden. Außer dem großen und dem kleinen Halo und Nebensonnen waren damals noch etwa ein Dutzend weiterer Halo-Formen gleichzeitig zu sehen. Eine derartige Formenvielfalt ist zunächst auf eine Vielzahl verschiedener Eiskristallformen zurückzuführen, die alle gleichzeitig in der Luft vorhanden sein müssen. Außer den bereits beschriebenen Säulen und Plättchen und dem bereits erwähnten Vierlingskristall kennt man noch kompliziertere Formen, die aus diesen Grundfiguren zusammengesetzt sind. So können z. B. ein Plättchen und eine Säule zusammen einen tischförmigen Kristall bilden, oder es können auf den Plättchen oben und unten noch sechsseitige Pyramiden oder Pyramidenstümpfe aufgesetzt sein. Unter welchen Umständen welche Kristallformen entstehen, ist auch heute noch weitgehend ungeklärt. Das Zusammenspiel von Temperatur und Feuchtigkeit der Luft ist hierbei wichtig und auch die zeitliche Änderung dieser Parameter. Bei der Bildung der verschiedenen Halo-Formen spielt dann auch noch die Größe und die Fall-Aerodynamik der Kristalle eine Rolle, von der es abhängt, welche Lage sie in der Atmosphäre einnehmen. Eine eindrucksvolle Aufnahme einer mehrfachen Halo-Erscheinung zeigt auch die Abb. 3.15.

Aufnahmen von vielen Kristallformen, die in der Atmosphäre gefunden wurden, sind in dem Buch von Pernter-Exner abgedruckt (siehe Kap. X).

Heute kann man alle beobachteten Halo-Formen auch durch Computersimulationen verifizieren. Man nimmt dabei verschiedene Kristallformen mit verschiedenen Orientierungen an, errechnet den Weg von vielen tausend Strahlen durch viele tausend Kristalle und läßt sich ausdrucken, an welcher Stelle des Himmels sich dann die ankommenden Strahlen konzentrieren. Derartige Simulationen sind z. B. in dem Buch von R. Greenler beschrieben (siehe Kapitel X).

Ein solches Simulationsprogramm existiert auch im Arbeitskreis Meteore (siehe Kap. X).

In den bisher beschriebenen Abbildungen wurde immer von der Sonne als Lichtquelle für die Halos ausgegangen. Natürlich gibt es auch Halos um den Mond, allerdings sind sie sehr viel lichtschwächer. Wegen der

3.15 Mehrfache Haloerscheinung, aufgenommen mit einer Fischaugen-Kamera über der Insel Pellworm am 4. 9. 1987 um 14:30 Uhr. Man erkennt den oberen Teil des 22°-Halos sowie seinen oberen Berührungsbogen, die rechte und linke Nebensonne (beide erscheinen entfernt vom 22°-Halo, weil in diesem Fall die Sonne relativ hoch stand, etwa 43°) sowie den Horizontalkreis. Auffällig sind die Verdickungen im Horizontalkreis am oberen Bildrand rechts und links. Es handelt sich hierbei um die seltenen 120°-Nebensonnen. Sie stehen nicht der Sonne genau gegenüber, sondern haben – wie schon ihre Bezeichnung sagt – einen Winkelabstand von 120° von der Sonne (Wenn die Sonne im Süden steht, liegen sie also in Ost-Nord-Ost und West-Nord-West Richtung). Wie Simulationsrechnungen zeigen, werden solche Nebensonnen durch orientierte Plättchen erzeugt. (Foto: G. Dittié, Ahrensburg)

geringen Lichtintensität hat man auch noch nie Halos um Sterne beobachtet, obwohl sie theoretisch möglich sind.

Häufigkeit von Halo-Erscheinungen

Zum Schluß soll noch auf die Häufigkeit der wichtigsten Halo-Erscheinungen eingegangen werden. In der ersten Spalte der folgenden Tabelle sind Ergebnisse angegeben, die von 1918 bis 1939 in Holland gesammelt wurden, während die zweite Spalte Werte einer Beobachtungsreihe (1987–1992) der Sektion Halo-Beobachtung im Arbeitskreis Meteore (AKM) aus dem südöstlichen Deutschland zeigt.

Die etwa ein Prozent, die in den Spalten zum Hundert fehlen, entfallen auf seltene Halo-Typen, die hier nicht besprochen wurden.

22°-Halo	47,4 %	40,7 %
Nebensonnen bei 22°	16,1 %	29,1 %
Oberer/unterer Berührungsbogen zum 22°-Halo	13,4 %	11,9 %
Lichtsäulen	7,7 %	9,0 %
Zirkumzenitalbogen	7,0 %	5,1 %
46°-Halo	4,1 %	1,6 %
Horizontalkreis	2,9 %	1,0 %
120°-Nebensonnen	0,2 %	0,3 %
Gegensonne	0,2 %	0,1 %
Durchschnittliche Gesamtzahl der Sichtungen pro Jahr	441	2864

Man erkennt aus dieser Tabelle, daß die relativen Häufigkeiten der verschiedenen Ereignisse in beiden Beobachtungsreihen sehr unterschiedlich sind. Ob das an der unterschiedlichen geographischen Lage oder an langfristigen Änderungen in der Atmosphäre liegt, läßt sich noch nicht sagen. Es zeigt aber, daß derartige Beobachtungsreihen noch weitergeführt werden müssen, wozu jeder interessierte Beobachter beitragen kann. Beobachtungen können z. B. an den o. g. Arbeitskreis weitergegeben werden (Anschrift im Kapitel X).

IV. Durch Lichtbeugung hervorgerufene Leuchterscheinungen

Aureole und Kränze

Die Abb. 4.1 zeigt eine nicht selten zu beobachtende Erscheinung: Der Mond hat einen sogenannten „Hof“. Erst beim genaueren Hinsehen erkennt man einen oder (selten) mehrere konzentrische, farbige Ringe, die diesen Hof umgeben. Man nennt sie Kranz oder auch Korona, der wissenschaftliche Name für den Hof ist Aureole.

Die erste wissenschaftliche Beschreibung einer Kranzerscheinung ist von Isaak Newton aus dem Jahre 1692 überliefert.

Die Aureole und die farbigen Kränze kommen durch Lichtbeugung zustande, ein physikalischer Vorgang, der ganz andere Ursachen hat als die Lichtbrechung beim Regenbogen oder Halo.

Zur Veranschaulichung der Lichtbeugung kann man auch leicht folgendes Experiment durchführen. Man betrachtet eine genügend weit entfernte, möglichst punktförmige Lichtquelle durch eine Glasplatte, die man angehaucht hat. Das kann z. B. die Windschutzscheibe eines geparkten Autos sein, durch die man die Scheinwerfer eines entgegenkommenden Wagens beobachtet, oder das Wohnzimmerfenster, durch das man eine Straßenlaterne ansieht. Was sieht man? Farbige Kränze um die Lichtquelle!

Wichtig ist dabei, daß die Lichtquelle nicht zu nahe liegt, da sonst die von dort ausgehenden Lichtstrahlen nicht als parallel angesehen werden können.

Beim Anhauchen der Scheibe schlagen sich dort viele kleine Tröpfchen nieder, die durch Kondensation der warmen, feuchten Atemluft an der kalten Scheibe entstehen. An diesen vielen kleinen Tröpfchen wird das

Beugung des Lichts

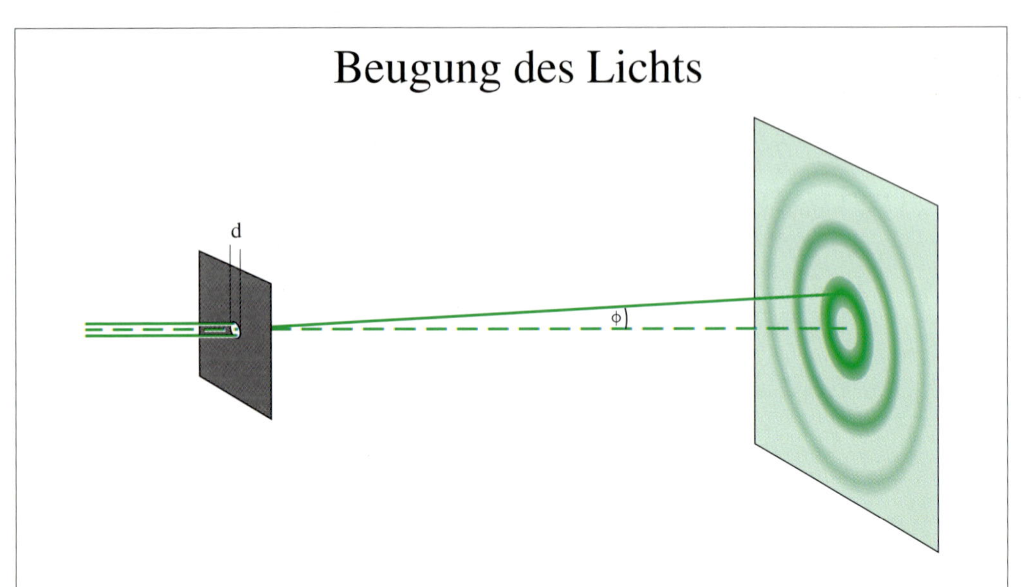

Fällt ein Bündel aus parallelen, einfarbigen Lichtstrahlen auf eine sehr kleine Öffnung mit dem Durchmesser d, so beobachtet man auf einem Schirm dahinter ein Muster aus abwechselnd hellen und dunklen konzentrischen Ringen. Sie kommen durch die Beugung des Lichts an der kreisförmigen Begrenzung der Öffnung zustande. Der Winkelabstand ϕ der Ringe von der Hauptachse des Strahls hängt vom Verhältnis der Lichtwellenlänge λ zum Lochdurchmesser, also λ/d ab. Je kleiner d ist, desto größer wird also ϕ und umgekehrt. Bei gelbem Licht (λ = 580 nm, siehe Kasten Seite 20) und einem Lochdurchmesser von einem hundertstel Millimeter erscheint z. B. der erste dunkle Ring bei einem Winkelabstand von $\phi = 4°$. Das ganze Beugungsbild wird nach außen hin immer schwächer, d. h. die dunklen Ringe werden grau und verschwinden schließlich. Benutzt man weißes Licht, das ja ein Gemisch aus allen Farben darstellt, so werden die Beugungsringe farbig. Weißes Licht wird also in seine Farben aufgespalten, ähnlich wie bei der Lichtbrechung. Nur ist die Ursache hier eine andere. Da rotes Licht eine längere Wellenlänge hat als blaues Licht, ist das Verhältnis λ/d für rotes Licht also geringfügig größer als für blaues Licht. Die roten Ringe haben also einen etwas größeren Winkeldurchmesser als die blauen Ringe, dadurch erscheinen sie auf dem Schirm getrennt. Das gleiche Beugungsbild am Schirm erhält man, wenn statt des Lochs ein gleich großes Scheibchen oder Kügelchen benutzt wird. Es kommt nur auf die kreisförmige Begrenzung an. Solche Kügelchen verursachen die in diesem Kapitel geschilderten Beugungserscheinungen.

4.1 Aureole und farbige Kränze um den Mond. (Foto: P. Parviainen, Turku)

Licht gebeugt, wie im Kasten auf Seite 62 erläutert. Wichtig dabei ist ferner, daß möglichst viele Tröpfchen gleich groß sind. Die Beugungsbilder der einzelnen Tröpfchen können sich dann durch Überlagerung verstärken, weil alle Kränze den gleichen Winkelabstand vom einfallenden Lichtstrahl haben. Daß der Durchmesser der Beugungsringe von der Tröpfchengröße abhängt, kann man auch mit diesem Experiment zeigen: Haucht man nur vorsichtig auf die Scheibe, kondensieren überwiegend kleine Tröpfchen und man erhält Beugungsringe mit relativ großem Durchmesser. Bei stärkerem oder mehrmaligem Anhauchen bilden sich größere Tröpfchen, und das ganze Beugungsbild zieht sich dadurch zusammen. Das Experiment gelingt auch mit einer bereiften oder leicht vereisten Scheibe, dann sind nicht Wassertröpfchen, sondern winzige Eiskristalle der Ausgangspunkt der Lichtbeugung. Um es noch einmal zu betonen: In beiden Fällen dringen die Lichtstrahlen nicht in das Tröpfchen oder das Kriställchen ein wie beim Regenbogen und beim Halo, sondern der Lichtstrahl wird gewissermaßen um das Teilchen herum gebeugt.

Aus der unterschiedlichen Farbfolge und an den kleinen Abmessungen der Beugungsfigur im Vergleich zu den in den vorigen Kapiteln beschriebenen Leuchterscheinungen erkennt man, daß man es hier mit einem anderen physikalischen Mechanismus zu tun hat. Bei den Kränzen beobachtet man Winkelabstände von einigen Grad, während beim Regenbogen der Mindestabstand 42° (vgl. Abb. 2.4) und beim Halo 22° (vgl. Abb. 3.5) beträgt. Außerdem liegt bei jedem Kranz Rot außen und Blau innen (wie im Kasten erläutert), also genau umgekehrt wie beim Regenbogen und beim Halo.

Die richtige Erklärung der Kranzerscheinung veröffentlichte 1825 der deutsche Physiker Joseph Fraunhofer.

Doch nun zurück zu den Kränzen am Himmel. Sie entstehen auf ganz ähnliche Weise. Das Licht von weit entfernten Himmelskörpern (Sonne oder Mond) durchquert als paralleles Lichtbündel eine Wolke aus kleinen Wassertröpfchen oder Eiskristallen, bevor es unser Auge erreicht. Das „klein" ist wichtig, denn im Kasten wurde ja erklärt, daß die Beugungsringe umso größer sind, je kleiner der Scheibchen-(= Tröpfchen-)durchmesser ist, an dem das Licht gebeugt wird. Der Winkeldurchmesser von Sonne und Mond beträgt etwa 1/2°. Damit die Beugungsringe überhaupt sichtbar werden, muß also das Verhältnis λ/d einem Wert entsprechen, der etwas größer ist als 1/2°. Das ist für einen Tröpfchendurchmesser von ungefähr 1/15 mm der Fall, noch kleinere Tröpfchen erzeugen dann entsprechend größere Beugungsringe (vgl. Kasten). Im Vergleich dazu sind die Tropfen bzw. Eiskristalle, die einen Regenbogen oder einen Halo verursachen, geradezu riesig. Ihre Abmessungen liegen im Bereich von Millimetern, wie in den vorigen Kapiteln angegeben. Beobachtet man also Kränze und mißt den Winkeldurchmesser (z. B. durch

Kränze sind besser um den Mond als um die Sonne zu beobachten, da letztere wegen ihrer großen Helligkeit die zarten Farben oft überstrahlt, wenn man sie nicht abblendet.

4.2 Aureole und farbige Kränze um die Sonne. (Foto: P. Parviainen, Turku)

Vergleich mit der Sonnen- oder Mondscheibe), so kann man daraus auf die Größe der Tröpfchen schließen, die das Beugungsbild verursachen. Die Kränze, die in Abb. 4.2 fotografiert sind (in dem ersten ist das Blau besonders deutlich ausgebildet), wurden demnach durch kleinere Tröpfchen hervorgerufen als die in Abb. 4.1. In beiden Fällen sieht man übrigens deutlich drei Kränze, wobei beim dritten nur die rote Farbe zu sehen ist. Meistens kann man lediglich einen Kranz beobachten, es wurde allerdings auch schon über Erscheinungen mit vier Kränzen berichtet.

Auch feine Staubteilchen können das Licht beugen und dadurch Kränze verursachen. Sie werden z. B. nach Vulkanausbrüchen, bei denen viel Staub in hohe Luftschichten geschleudert wird, um Sonne und Mond beobachtet. Zum ersten Mal hat der Pfarrer *Sereno Bishop*

Auch bei starkem Pollenflug sind schon Beugungserscheinungen um die Sonne beobachtet worden.

aus Honolulu (Hawaii) diese Erscheinung ausführlich beschrieben. Er beobachtete sie im September 1883, wenige Tage nach dem Ausbruch des indonesischen Vulkans Krakatau (siehe auch Kapitel VIII); sie trägt seitdem seinen Namen: „Bishopscher Ring“. Er ist häufig viel größer als die Kränze, die durch Tröpfchen oder Eiskriställchen hervorgerufen werden; Winkelhalbmesser von 10°–20° sind beobachtet worden. Das liegt an der Tatsache, daß die auslösenden Staubteilchen oft nur wenige µm groß sind.

Glorien

Um den Sonnengegenpunkt kann man ebenfalls farbige Ringe beobachten. Man nennt sie „Glorien“, im Unterschied zu den Kränzen. Eine Glorie zeigt sich auf einer von der Sonne beschienenen Wolke oder Nebelwand, wobei sie den Schatten des Kopfes eines Beobachters umgibt. Als Sonnengegenpunkt war ja schon im zweiten Kapitel ein Punkt definiert worden, der in der Verlängerung der Richtung Sonne – Beobachter liegt (Abb. 2.1). Dort befindet sich dann auch der Schatten und die Glorie, wie Abb. 4.3 zeigt. Die Farbfolge und auch die Größe ist die gleiche wie bei den Kränzen, lediglich die Lichtintensität ist geringer.

Für die hier beschriebene Leuchterscheinung darf der Sonnengegenpunkt allerdings nicht unter dem Horizont liegen (wie in Abb. 2.1). Man kann Glorien daher nur bei tief stehender Sonne beobachten.

Dieses Phänomen kann man besonders gut vom Flugzeug aus beobachten. Zwar ist es hier nicht der Schatten des Kopfes eines Beobachters, der im Zentrum der Glorie liegt, sondern der Schatten des Flugzeugs auf den darunterliegenden Wolken, sozusagen als vergrößerter Kopf des Beobachters. Der Beobachter ist das wichtige, denn er sieht ja die Glorie mit seinen Augen.

Eine ähnliche Erscheinung ist der „Tau-Heiligenschein“, der um den Schatten eines Kopfes erscheint, der auf eine betaute Wiese fällt.

Da wir es bei den Glorien nicht mit Ringen um die Lichtquelle selbst, sondern um ihren Gegenpunkt zu tun

4.3 Glorie um den Kopf eines Skiläufers. Stellt man sich vor, selbst dieser Skiläufer zu sein, so würde man den eigenen Schatten auf der Nebelwand als „Brockengespenst" sehen. (Foto: H. Lau, Dresden)

haben, fällt der bisher beschriebene Beugungsmechanismus als Entstehungsursache aus. Die Erklärung der Glorien ist kompliziert und kann genau nur mit Hilfe der Streuungstheorie von *Gustav Mie* (vgl. Kapitel I) beschrieben werden. Vereinfacht kann man sagen, daß das

Sonnen- oder Mondlicht zunächst von den Tröpfchen der Wolke oder Nebelwand zurückgestreut wird, bevor es gebeugt wird.

Brockengespenst

Zum Schluß sei noch das berühmte „Brockengespenst" erwähnt, das häufig zusammen mit Glorien auftritt. Es ist nichts anderes als der gesamte Schatten des Beobachters auf einer Nebelwand. Durch das Wallen des Nebels ändert das Gespenst seine Form und kann vor und zurückweichen, ohne daß der Beobachter sich selbst bewegt. Dazu kommt noch, daß man bei Nebel Entfernungen nur schlecht schätzen kann. Das Gespenst erscheint einem daher manchmal riesig, weil das Gehirn eine falsche perspektivische Korrektur des Gesehenen veranlaßt. Der Name dieser Erscheinung rührt übrigens daher, daß man auf dem Brocken besonders häufig bei Sonnenaufgang aus den umgebenden Tälern aufsteigende Nebelwände vorfindet. Mancher Wanderer ist schon durch das Brockengespenst erschreckt worden; ein Foto, wie die Abb. 4.4, kann den wirklichen Eindruck nur unvollkommen wiedergeben.

Sehr drastisch ist eine Art Brockengespenst in einer historischen Zeichnung des Kapitäns und Naturforschers *Don Antonio de Ulloa* dargestellt, der diese Erscheinung 1735 auf einem Berg in Peru beobachtet hatte (Abb. 4.5). Es zeigt eine dreifache Glorie um den Kopf seines Schattens und weiter außen noch zusätzlich einen Nebelbogen (vgl. Kapitel II). Aus der Beschreibung des Kapitäns Ulloa geht hervor, daß ihn besonders folgendes beeindruckte: Jeder Beobachter aus seiner Gruppe sah die Glorie nur um den Schatten seines eigenen Kopfes und nicht um den Schatten der anderen. Aus dem

4.4 „Brockengespenst“, aufgenommen auf dem Fichtelberg im Erzgebirge. (Foto: H. Gäbler, Radebeul)

weiter oben Gesagten wird das verständlich: Glorien erscheinen um den Gegenpunkt der Sonne, wobei für jeden Beobachter ein etwas anderer Sonnengegenpunkt existiert, wie bereits im zweiten Kapitel beim Regenbogen erläutert. Da die Glorien mit einem Radius von nur wenigen Grad um den Sonnengegenpunkt erscheinen,

4.5 „Brockengespenst“ mit dreifacher Glorie, das Kapitän Ulloa im Jahre 1735 auf dem peruanischen Berg Pambamarca beobachtete. (nach Hellmann)

gelten für einen benachbarten Beobachter bereits ganz andere Winkelabstände. Daher kann der zweite Beobachter die Glorie des ersten nicht sehen, sondern nur seine eigene. Die Tatsache, daß in Abb. 4.3 auch der Fotograf die Glorie um den Kopf des Skiläufers sah und auf den Film bannen konnte, liegt daran, daß er sich bemüht hat, in der Linie Sonne – Skiläufer zu stehen.

V. Blitze

Historisches

Blitzen haftet etwas Gewaltiges an, weshalb sie in nahezu allen Mythologien der Völker als das Attribut mächtiger Götter gelten. Bei den Ägyptern schleuderte die Blitze der Gott Seth, bei den Griechen war Zeus und bei den Römern war Jupiter dafür verantwortlich. Im alten China leitete die Göttin Tien Mu die Blitze mit zwei Spiegeln, und der Donnergott Lei Tsu erzeugte den Donner auf riesigen Trommeln. Die Germanen glaubten, der Blitz entstünde, wenn der Donnergott Thor (oder Donar) mit seinem Hammer Mjöllnir auf einen Amboß schlug. Unser Donnerstag erinnert an diesen Gott. Doch eigentlich verbindet alle Lebewesen unserer Erde noch etwas viel Tieferes mit Blitzen: Nach dem heutigen Stand der Forschung sind die ersten organischen Moleküle – die Voraussetzung für das Leben – durch die hohen Temperaturen der Blitze entstanden, die vor ca. 3,5 Milliarden Jahren die Uratmospähre unseres Planeten durchzuckten.

Stets hatten die Menschen auch Furcht vor Blitz und Donner. In alten Zeiten wurden den Blitzgöttern Opfer dargebracht, im Mittelalter wurde bei Gewitter in den Kirchen gebetet und die Glocken geläutet. Letzteres war nicht ungefährlich, denn in Kirchtürme schlug der Blitz wegen ihrer Höhe besonders häufig ein. War der Glokkenstrang feucht, so leitete er den Blitzstrom (s. u.) di-

Viele Kirchenglocken trugen die lateinische Inschrift „Fulgura frango" – „Ich breche die Blitze".

rekt über den Glöckner zur Erde. Erst in der Neuzeit ließ man von diesem Brauch ab. Im Jahre 1784 erschien in München ein Buch mit dem Titel „Ein Beweis, daß das Glockenläuten während eines Gewitters mehr Schaden als Nutzen bringt". Der Autor beschrieb darin, daß in einem Zeitraum von 33 Jahren 386 Kirchtürme getroffen und dabei 103 Glöckner getötet wurden. Einen traurigen Trefferrekord hielt der Glockenturm des St.-Markus-Doms in Venedig, der zwischen den Jahren 1388 und 1762 neunmal durch Blitzschläge beschädigt oder ganz zerstört wurde. Erst nachdem im Jahre 1766 ein Blitzableiter angebracht worden war, hatte man Ruhe. Zu extremen Katastrophen kam es auch, wenn das Schießpulver durch einen Blitzschlag explodierte, das früher häufig in Kirchtürmen gelagert wurde.

Einer der ersten, der sich wissenschaftlich mit Blitzen beschäftigte, war *Benjamin Franklin*, der seine Experimente in den Jahren 1749 bis 1774 durchführte und als erster ihre elektrische Natur bewies. Eine entsprechende Vermutung hatte allerdings schon 1746 der Leipziger Professor *Johann Heinrich Winkler* geäußert, ohne sie allerdings experimentell beweisen zu können. Bekanntlich erfand Franklin 1752 den Blitzableiter, wobei er bei seinen Versuchen unheimliches Glück gehabt haben muß: Er ließ z. B. den Strom von einem Blitzableiter durch seinen Körper fließen und demzufolge Funken zwischen seiner Hand und einem geerdeten Metallstab überspringen. Nachweislich ist in St. Petersburg der schwedische Blitzforscher *Georg Wilhelm Richmann*, der nur wenige Jahre nach Franklin dessen Versuche bestätigen wollte, auf diese Weise zu Tode gekommen.

„Es scheint demnach, daß die elektrischen Funken welche durch Kunst erweckt werden der Materie, und dem Wesen, und der Erzeugung nach, mit den Blitzen und Donnerstrahlen von einerly Art sind, und ihr Unterschied nur in der Stärke und Schwäche ihrer Wirkungen bestehe." (J. H. Winkler, 1746)

Der erste Blitzableiter in Deutschland wurde übrigens im Jahre 1768 von dem Hamburger Arzt *Johann Reimarus* auf dem Turm der Jacobi-Kirche der Hansestadt installiert.

Wesentliche Fortschritte in der Blitzforschung gelangen erst mehr als 100 Jahre nach Franklins Versuchen:

In der zweiten Hälfte des 19. Jahrhunderts wurde mit Hilfe der damals entwickelten Spektralanalyse (s. u.) der Blitz in seine Farben zerlegt und damit seine Lichtemissionen entschlüsselt. Um 1926 konstruierte der Engländer *Charles Boys* die erste Hochgeschwindigkeitskamera für Blitzaufnahmen. Er benutzte dabei zwei rotierende Linsen und konnte damit erstmals die innere Struktur von Blitzen auflösen.

Diese Forschungen wurden damals von Astronomen durchgeführt, so z. B. von dem Engländer William Herschel (1886).

Die Entstehung von Gewittern

Jeder hat schon einmal die beeindruckenden Wolkentürme gesehen, die Vorboten eines Gewitters sind. Von den Meteorologen werden sie „Cumulonimbus" genannt, eine Wortkombination aus „cumulus" (lat. Haufen) und „nimbus" (lat. Unwetter). Sie entstehen durch das Aufsteigen feuchter, warmer Luftmassen, über denen Kaltluft liegt. Da die Temperatur der Atmosphäre mit der Höhe abnimmt (siehe Kapitel VI), kondensiert beim Aufsteigen die in dieser Luft enthaltene Feuchtigkeit in kleinen Tröpfchen: es entsteht zunächst eine normale Haufenwolke. Bei der Kondensation der feuchten Luft wird die in ihr enthaltene latente Wärme frei, wodurch die Luft noch weiter erwärmt und der Auftrieb dadurch noch weiter verstärkt wird. So wächst die Wolke in die Höhe, bis sie am oberen Rand die für eine Cumulonimbuswolke charakteristische Amboßform aufweist (siehe die schematische Abb. 5.1). Dadurch, daß die aufsteigende warme Luft die kalte Luft verdrängt, kommt es zu turbulenten Bewegungen in der Wolke, wovon die knollenartigen Auswüchse Zeugnis ablegen. In größeren Höhen (oberhalb von 2–3 km) gefrieren die Wassertröpfchen zu Eis, so daß in der Wolke ein Gemisch aus Wassertröpfchen und Eiskristallen verschiedener Größe vor-

Die Aufwärtsgeschwindigkeit in der Gewitterwolke kann Werte von über 120 km/h erreichen. Das entspricht Windstärke 12!

liegt. Durch komplizierte Prozesse, die denen der Entstehung von Reibungselektrizität ähneln, laden sich die Tröpfchen und Kristalle elektrisch auf. Große Teilchen tragen dabei eine negative und kleine eine positive Ladung. Da die kleinen Teilchen durch die aufsteigende Luft nach oben getragen werden, während die größeren im unteren Teil der Wolke verbleiben, kommt es zu einer Ladungstrennung innerhalb der Wolke. In Abb. 5.1 ist diese Ladungsverteilung schematisch dargestellt. So ein Ladungsungleichgewicht strebt immer nach Ausgleich, der in diesem Fall durch eine elektrische Entladung in Form eines Blitzes erreicht wird.

Eine Gewitterwolke stellt eine riesige Elektrisiermaschine dar.

Da der Ladungsausgleich in erster Linie in der Wolke erfolgt, springen die meisten Blitze innerhalb einer Wolke über oder auch von einer Wolke zur nächsten. Am spektakulärsten sind aber die Blitze, in denen sich die angesammelte elektrische Ladung zum Erdboden hin entlädt. So ein Blitz soll im folgenden näher erläutert werden. Wie in Abb. 5.1 angedeutet, ist der Erdboden unterhalb der Gewitterwolke positiv geladen. Grund für diese Aufladung ist das physikalische Prinzip der Ladungsinduktion: Durch eine Art Spiegeleffekt entstehen gegenüber von Ladungen immer gleich viele Ladungen der entgegengesetzten Polarität. Zwischen den negativen Ladungen im unteren Teil der Wolke und den positiven am Erdboden herrschen daher elektrische Spannungen, die oft mehr als 10 Millionen Volt betragen. Diese Spannung, dividiert durch den Abstand der Ladungsansammlungen, ergibt die elektrische Feldstärke. Wenn diese einen bestimmten Wert, die sogenannte Durchbruchsfeldstärke, überschreitet, zündet der Blitz.

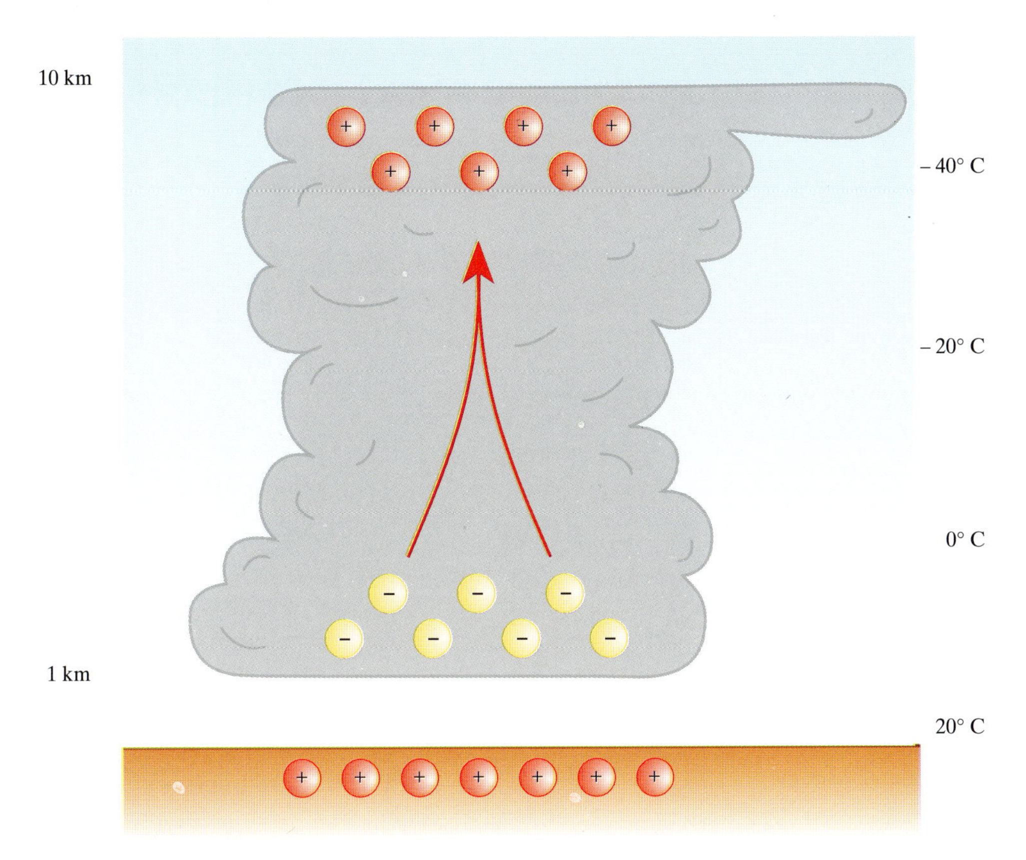

5.1 Verteilung der elektrischen Ladung in einer Gewitterwolke. Der Pfeil symbolisiert die aufsteigende warme Luft.

Elektrische Vorgänge beim Blitz

Abb. 5.2 zeigt auf der rechten Seite schematisch ein 3 km langes Stück eines Blitzes, so wie wir ihn sehen, oder wie er mit einer normalen Kamera fotografiert werden kann. Links davon ist dieser Blitz zeitlich auseinandergezogen, wodurch die einzelnen Phasen einer Blitzentladung sichtbar werden.

Als erstes entwickelt sich der sogenannte Vorblitz. Hierbei bewegen sich negative Ladungsträger mit einer

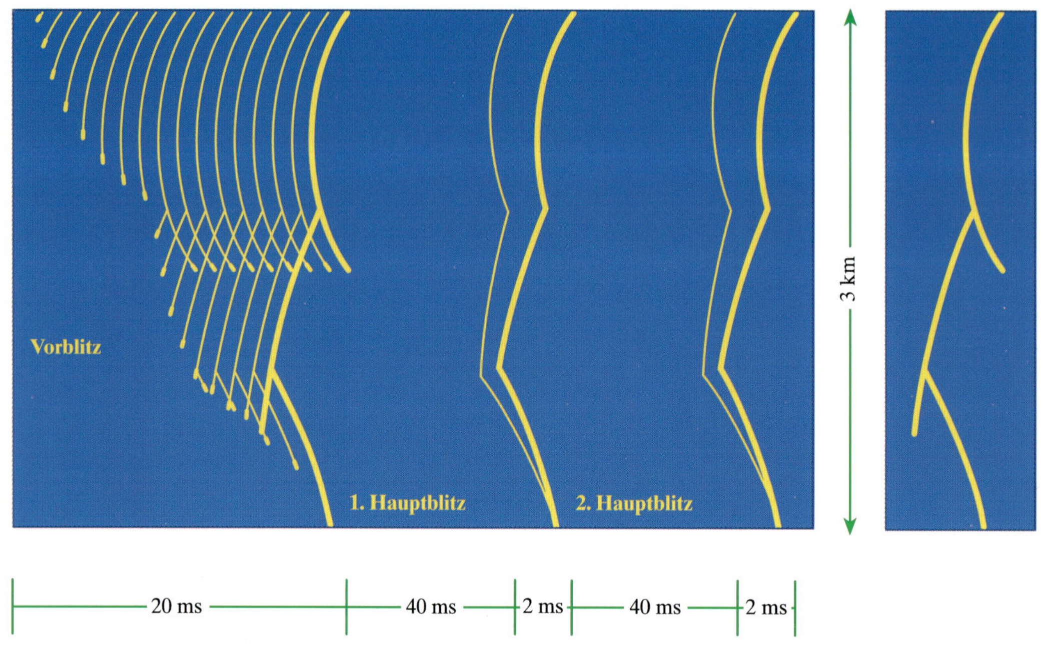

5.2 Vorgänge innerhalb einer Blitzentladung.

Gleichbedeutend ist die Aussage, daß die negativen Ladungsträger von der gleichnamigen negativen Ladung im unteren Teil der Wolke abgestoßen und von der positiven Ladung am Erdboden angezogen werden.

Im folgenden und in der Abb. 5.2 werden die wissenschaftlich gebräuchlichen Bezeichnungen für kurze Zeitabschnitte verwendet: 1 Millisekunde (ms) = 1 Tausendstel Sekunde und 1 Mikrosekunde (μs) = 1 Millionstel Sekunde.

Geschwindigkeit von etwa 150 km/s nach unten. Ursache für diese Abwärtsbewegung ist die oben erwähnte hohe elektrische Feldstärke zwischen Wolke und Erdboden. Diese Abwärtsbewegung erfolgt nicht kontinuierlich, sondern jeweils in Sprüngen von etwa 50 Metern. Da die elektrischen Ladungen weder in der Wolke noch am Erdboden gleichmäßig verteilt sind, wechselt auch die elektrische Feldstärke von Ort zu Ort. Von einem zum nächsten Sprung kann sich daher die Richtung der Abwärtsbewegung ändern, oder es können Verzweigungen auftreten, wie in Abb. 5.2 angedeutet. Bei der oben genannten Geschwindigkeit dauert es ca. 20 ms, bis der Vorblitz die Strecke zwischen Wolke und Erdboden durchlaufen hat. Der mit Ladungsträgern angefüllte Kanal des Vorblitzes hat einen Durchmesser von etwa einem Meter und leuchtet nur sehr schwach. In ihm wird ein Teil der Ladung aus dem unteren Teil der Wolke in Richtung Erdboden transportiert. Hat die Spitze des

Vorblitzes den Erdboden fast erreicht, so erfolgt – meist von einem erhöhten Objekt (Baum, Turm, Bergspitze) aus – ein elektrischer Überschlag, d. h. also ein Kurzschluß zwischen der positiven Ladung (Erde) und der negativen (Spitze des Vorblitzes). Dieser Überschlag stellt einen Strompuls dar, der nun als erster Hauptblitz nach oben rast. Er fließt dabei durch den Ladungskanal, den der Vorblitz geschaffen hat. Seine Geschwindigkeit beträgt etwa 100 000 km/s, also ein Drittel der Lichtgeschwindigkeit. In Abb. 5.2 ist dieser Hauptblitz durch eine dicke Linie gekennzeichnet. Er braucht für die 3 km nur etwa 30 µs. Der Strom, der während des Hauptblitzes fließt, beträgt typischerweise 10 000–30 000 Ampere, gemessen wurden aber auch schon Werte von über 100 000 Ampere. Die Luft im Entladungskanal wird dabei bis zu 30 000 Grad aufgeheizt.

Doch mit dem ersten Hauptblitz ist der Gesamtvorgang noch nicht beendet. Nach einer Pause von einigen 10 ms wird der immer noch bestehende Entladungskanal durch eine Zwischenentladung wieder „aufgefrischt“. Diese bewegt sich mit einer Geschwindigkeit von etwa 3 000 km/s nach unten. Sie folgt dabei dem bereits bestehenden Blitzkanal und bewegt sich kontinuierlich, also nicht in Sprüngen wie der Vorblitz. Auch diese Zwischenentladung verursacht nur ein sehr schwaches Leuchten. Hat sie den Erdboden erreicht, so zündet ein weiterer Hauptblitz nach oben durch, mit den gleichen Eigenschaften wie der erste; lediglich die Stromstärke ist meist etwas geringer. Dieses Spiel kann sich noch einige Male wiederholen, bis schließlich das Ladungsungleichgewicht zwischen Wolke und Erdboden hinreichend ausgeglichen ist.

„Aufgefrischt“ heißt hier, daß wieder neue Ladungsträger, nämlich Elektronen und Ionen (s. u.), erzeugt werden.

Die mehrfachen Entladungen dauern zusammengenommen nur wenige Zehntel Sekunden, wie man aus der Abb. 5.2 entnehmen kann. Mit bloßem Auge kann man daher die einzelnen Blitze nicht unterscheiden. Allerdings nimmt man häufig ein Flackern des Gesamtblitzes wahr, das auf die komplizierten Vorgänge im Inneren hinweist. Die Kenntnis der oben geschilderten Vorgänge verdankt man den bereits erwähnten Hochgeschwindigkeitsaufnahmen. Abb. 5.3 zeigt eine solche Aufnahme, bei der man auf der linken Seite deutlich das sprunghafte Vordringen des Vorblitzes erkennen kann und auf der rechten Seite den ersten Hauptblitz. Die Zwischenentladung ist bei dieser Hochgeschwindigkeitsaufnahme wegen ihrer geringen Leuchtkraft nicht sichtbar.

5.3 Hochgeschwindigkeitsaufnahme eines Blitzes. Links sieht man das schrittweise Vordringen des Vorblitzes, rechts den ersten Hauptblitz. (Foto zur Verfügung gestellt von der Fachkommission für Hochspannungsfragen, Zürich)

Kurz zusammengefaßt spielt sich also folgendes ab: Der Vorblitz dient dazu, den Entladungskanal für den Hauptblitz zu schaffen, d. h. die notwendigen elektrischen Ladungsträger zu erzeugen. Der Hauptblitz folgt dann dem vorbereiteten Entladungskanal, in dem nun eine ausreichende elektrische Leitfähigkeit besteht, um den hohen elektrischen Strom des Hauptblitzes fließen zu lassen. Nachdem die Zwischenentladung durch die Produktion von Ladungsträgern den Kanal wieder aufgefrischt hat, kann ein weiterer Hauptblitz durchschlagen. Im Mittel zünden drei Hauptblitze pro Gesamtblitz, in seltenen Fällen können es aber auch mehr als fünf sein. Die genaue Form des Blitzes hängt in jedem Fall in komplizierter Weise von der jeweiligen Ladungsverteilung ab, deshalb ist jeder Blitz anders. Abb. 5.4 veranschaulicht das an zwei extremen Beispielen: Links ein sogenannter Linienblitz ohne jede Verzweigung, aber mit sehr ungewöhnlichem Weg, rechts ein Flächenblitz mit vielen Verästelungen.

Wird ein Blitzkanal nicht wieder aufgefrischt, so zerfällt er in weniger als einer Sekunde; der nächste Blitz muß sich dann einen neuen Weg suchen.

5.4 Beispiel für einen Linien- und einen Flächenblitz. (Foto: R. D. Scholz, Kaiserslautern)

Neben dem hier beschriebenen Blitzüberschlag Wolke – Erde kommt es gelegentlich auch zu einem Überschlag Erde – Wolke. In diesem Fall zündet der Blitz zwischen der Erde und dem positiv geladenen, oberen Teil der Wolke. Das geschieht z. B., wenn sich viel positive Ladung in einem überhängenden Teil der Gewitterwolke angesammelt hat und demzufolge auf der Erde eine negative Ladung induziert wird. Im Blitz laufen dann alle bisher beschriebenen Vorgänge in umgekehrter Richtung ab: Der Vorblitz läuft schrittweise nach oben, der Hauptblitz zündet nach unten durch, und die Verästelung des Blitzes nimmt nach oben zu anstatt nach unten. Ein solcher Blitz ist in Abb. 5.5 dargestellt. Er geht fast immer von einer Spitze aus.

5.5 Seltene Form eines Blitzes zwischen Erde und Wolke. Er verzweigt sich, anders als die normalen Blitze (vgl. Abb. 5.4 rechts), von unten nach oben. (Foto zur Verfügung gestellt von der Fachkommission für Hochspannungsfragen, Zürich)

Blitze kommen nicht nur in Gewittern vor. Man hat sie z. B. auch in den aufsteigenden Rauch- und Aschewolken bei Vulkanausbrüchen beobachtet. Hier sind es die Ascheteilchen, die sich durch Reibung elektrisch aufladen. Auch in Schnee- oder Sandstürmen können Blitze vorkommen. Der buchstäbliche „Blitz aus heiterem Himmel" ist ebenfalls wissenschaftlich belegt, scheint aber extrem selten vorzukommen.

Beim „Blitz aus heiterem Himmel" laden sich möglicherweise winzige, nicht sichtbare Aerosole auf.

Die Leuchterscheinung

Die Leuchterscheinung, die den Blitz blendend hell aufleuchten läßt, unterscheidet sich ganz wesentlich von allen bisher beschriebenen Leuchterscheinungen. Regenbogen, Halos, Kränze und Glorien waren die Folge von Brechung, Spiegelung oder Beugung von schon vorhandenem Licht, das von einem Himmelskörper in die Atmosphäre einfiel. Beim Blitz haben wir es dagegen mit Vorgängen zu tun, die selbst Licht erzeugen.

Um diese Leuchterscheinung verstehen zu können, soll zunächst ein wenig auf den Atom- bzw. Molekülbau eingegangen werden (vgl. Kasten auf Seite 82). Im folgenden soll der Prozeß anhand von Atomen besprochen werden, für Moleküle gilt er sinngemäß.

Zunächst muß ein Gas mit hoher Temperatur vorhanden sein. Bei einem Gas ist die Geschwindigkeit der Gasteilchen ein Maß für die Temperatur: In einem heißen Gas fliegen sie schneller als in einem kalten Gas. Da die Gasteilchen sich völlig ungeordnet bewegen, passieren natürlich auch häufig Zusammenstöße. Dabei kann durch die Energie des Zusammenpralls ein Elektron aus der äußersten Bahn auf eine höhere **mögliche** (s. u.) Bahn gehoben werden. Man sagt dann, das Atom befindet sich in einem angeregten Zustand, während es

Atome – Moleküle – Ionen – Plasma

Atome bestehen aus einem positiv geladenen Kern und mehreren negativ geladenen Elektronen, die diesen Kern umkreisen. Dabei ist die Zahl der Elektronen gleich der Ladungszahl des Kerns, so daß sich die positiven und negativen Ladungen genau ausgleichen. Daher wirkt das Atom nach außen elektrisch neutral. Beim Sauerstoffatom z. B. trägt der Kern 8 positive Ladungseinheiten, und genau 8 Elektronen umgeben ihn.

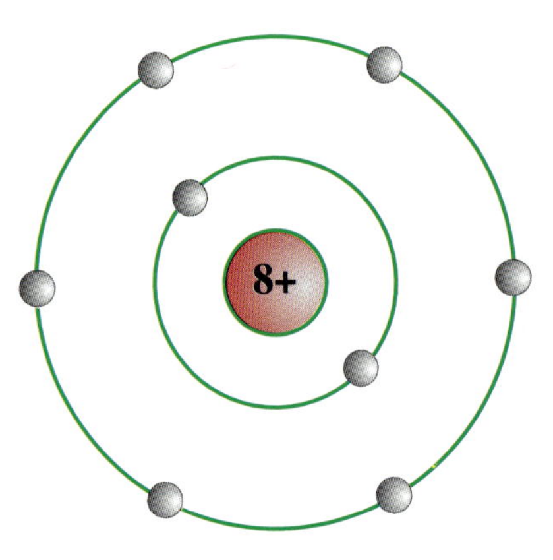

Nach dem Atommodell, das der dänische Physiker Niels Bohr aufgestellt hat, stellt man sich vor, daß die Elektronen den Kern auf genau festgelegten Bahnen umkreisen. So befinden sich z. B. beim Sauerstoff 2 Elektronen auf einer inneren Bahn und 6 auf einer äußeren. Der Abstand des Elektrons vom Kern bestimmt, wie fest es an diesen gebunden ist.
Unter **Molekül** versteht man ein Gebilde, das aus 2 oder mehr Atomen zusammengesetzt ist. So besteht z. B. das Wassermolekül H_2O aus 2 Wasserstoffatomen (H) und einem Sauerstoffatom (O). „Zusammenge-

setzt“ bedeutet dabei, daß die beteiligten Atome mindestens ein äußeres Elektron gemeinsam haben. Auch die beiden wichtigsten Gase der Atmosphäre, Stickstoff und Sauerstoff, liegen in Form von Molekülen vor: N_2 und O_2 (vgl. Kapitel VI).
Bei einem heftigen Stoß oder durch die Einwirkung von sehr kurzwelligem Licht (UV- oder Röntgenstrahlung), kann eines der äußeren Elektronen abgerissen werden. Den übriggebliebenen Rumpf nennt man **Ion**. Es ist einfach positiv geladen, weil ja gerade ein negativ geladenes Elektron fehlt. Das Elektron geht nicht verloren, es kann sich jetzt in der Luft frei bewegen. Ein solches Gemisch aus Ionen, Elektronen und neutralen Teilchen nennt man in der Physik **Plasma**.

vor dem Stoß im Grundzustand war. Der ganze Vorgang wird als Stoßanregung bezeichnet. Da nur der Grundzustand des Atoms ein stabiler Zustand ist, wird dieser stets angestrebt. Ein Anregungszustand wird also nur ganz kurze Zeit (weniger als eine tausendstel Sekunde) andauern, dann fällt das Elektron auf seine Grundbahn zurück. Bei diesem „Herunterfallen“ wird genau die Energie frei, die beim Stoß benötigt wurde, um das Elektron auf die höhere Bahn hinaufzuheben. Das Atom strahlt diese Energie als elektromagnetische Welle aus. Liegt die Wellenlänge dabei im Bereich des sichtbaren Lichts, so reagiert unser Auge auf diese elektromagnetische Welle mit einem Lichteindruck. Schematisch ist der ganze Vorgang in Abb. 5.6 dargestellt.

Man kann den angeregten Zustand eines Atoms mit einer Kugel vergleichen, die auf einer schiefen Ebene liegt: Die Kugel wird herunterrollen.

Das „möglich“ im vorigen Absatz ist mit Absicht hervorgehoben worden. Es gibt nämlich für jedes Atom nur ganz bestimmte höhere Bahnen, auf die ein Elektron gehoben werden kann, und damit auch nur ganz be-

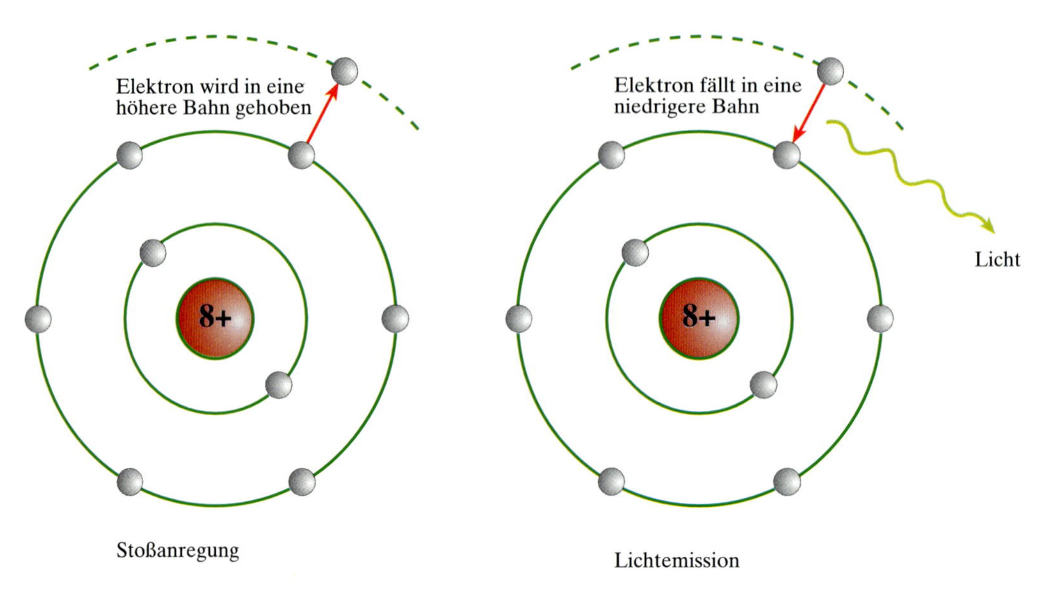

5.6 Stoßanregung und Lichtemission, dargestellt an einem Sauerstoffatom

stimmte Anregungszustände. Das heißt aber auch, daß das betreffende Atom bei der Rückkehr in den Grundzustand nur Licht von genau festgelegter Wellenlänge aussenden kann. Die Wellenlänge, die für unser Auge den Farbeindruck bestimmt (siehe Kasten auf Seite 13.), ist also gewissermaßen ein ganz charakteristisches Kennzeichen des betreffenden Atoms. So kann z. B. ein Wasserstoffatom im Bereich des sichtbaren Lichts nur die Wellenlängen 412 nm, 434 nm, 486 nm und 656 nm aussenden. Für ein Stickstoff- oder Sauerstoffatom sind es wieder ganz andere Wellenlängen. Mißt also ein Physiker mit einer geeigneten Apparatur die Wellenlänge des ausgesandten Lichts, so kann er eindeutig identifizieren, von welchem Atom oder Molekül es stammt, so wie man jeden Menschen an seinem Fingerabdruck erkennen kann. Die Helligkeit des Lichts wird dabei durch die Anzahl der Licht emittierenden Atome bestimmt. Man nennt diese Messung „Spektralanalyse“; sie wurde bereits vor mehr als 100 Jahren entwickelt.

So eine Apparatur enthält meistens ein Glasprisma, das das Licht in seine Farben zerlegt, ähnlich wie ein Regenbogen.

Nun zurück zum Blitz. Hier liegen alle Voraussetzungen für die Stoßanregung vor: Es gibt bei dem Luftdruck, der in der Atmosphäre herrscht, genügend viele Teilchen pro Volumeneinheit, so daß sich häufig Zusammenstöße zwischen ihnen ereignen. Weiterhin ist der Blitzkanal heiß genug, so daß die Teilchen eine hohe Geschwindigkeit und damit genügend Stoßenergie besitzen.

Nach dem oben Gesagten können die Blitzforscher eindeutig bestimmen, welche Atome und Moleküle das Licht im Blitzkanal aussenden. Man würde erwarten, daß das Stickstoff- und Sauerstoffmoleküle sein würden, da diese beiden Gase ja die hauptsächlichen Atmosphärenbestandteile darstellen. Zwar sind Lichtanteile von diesen beiden Gasen gefunden worden, der größte Anteil stammt aber von Stickstoff- und Sauerstoff**ionen**. Die Temperatur im Blitzkanal und damit die Bewegungsenergie der Teilchen ist so hoch, daß es bei einem Zusammenstoß nicht nur zur Anregung, sondern zu weitaus dramatischeren Vorgängen kommt: Zunächst werden die Moleküle in ihre einzelnen Atome aufgespalten. Diese Atome werden dann zusätzlich noch ionisiert, d. h. es wird ihnen ein äußeres Elektron abgerissen (siehe Kasten auf Seite 82). Damit ist die Stoßenergie aber immer noch nicht verbraucht. Sie reicht noch aus, um auch diese Ionen anzuregen, d. h. nach dem oben beschriebenen Prozeß ein weiteres Elektron auf eine höhere Bahn anzuheben. Bei der Rückkehr in den Grundzustand senden die Ionen Licht mit anderer Wellenlänge als die neutralen Atome aus, so daß man sie als Ion des betreffenden Elements identifizieren kann. Abb. 5.7 zeigt einen Blitz, dessen Licht durch ein Glasprisma in seine Spektralfarben zerlegt wurde. Die blauen und grünen Lichtanteile stammen dabei von Stickstoffatomen und Stickstoffionen, während die roten Anteile von Sauerstoffatomen ausgesandt werden. Auch Wasserstoff emittiert intensives rotes Licht bei 656 nm, ob-

Die Lichtemissionen von Stickstoff- und Sauerstoffionen liegen hauptsächlich im ultravioletten Bereich, während die entsprechenden Atome sichtbares und infrarotes Licht abstrahlen.

5.7 Blitz (links) zerlegt in seine Spektralfarben (rechts). (Foto: William S. Bickel, University of Arizona and L.E. Salanave: *Lightning and its Spectrum*, The University of Arizona Press, Tucson, Arizona)

wohl dieses Gas nur in Spuren in der Atmosphäre enthalten ist.

Die elektromagnetischen Wellen, die bei der Rückkehr des Elektrons in seinen Grundzustand ausgesandt werden, liegen nur z. T. im sichtbaren Bereich, viele liegen im infraroten oder ultravioletten Bereich. Auch diese Wellen kann man mit geeigneten Meßinstrumenten registrieren. Auf diese Weise hat man in Blitzen z. B. auch Infrarotstrahlung der Atome des Edelgases Argon nachgewiesen, das in Spuren in der Atmosphäre enthalten ist. Führt man eine Spektralanalyse des Lichts durch, das von dem Punkt ausgeht, an dem der Blitz in die Erde einschlug, so findet man auch Emissionen von Bodenbestandteilen, z. B. Aluminium, Calzium und Eisen, die beim Einschlag verdampfen.

Neben der elektromagnetischen Strahlung, die wir als Licht wahrnehmen, wird bei einem Blitz auch noch viel langwelligere elektromagnetische Strahlung emittiert, die u. a. auch in den Bereich der Radiowellen fällt. Der einige Kilometer lange Blitzkanal wirkt dabei wie eine riesige Sendeantenne. Die zeitliche Veränderung des in ihm fließenden Stroms wird als elektromagnetische Welle abgestrahlt. Diese sogenannten „Sferics“ verderben als Knattern und Zischen bei Gewitter den Rundfunkempfang.

Der Hauptanteil dieser Radiostrahlung liegt bei Frequenzen zwischen 1 und 100 kHz, fällt also in den Bereich der Längstwellen.

Donner

Während *Aristoteles* (384–322 v. Chr.) noch annahm, daß der Donner durch das Aufeinanderprallen von feuchten und trockenen Luftmassen entstehe, erkannten die Wissenschaftler zu Beginn unseres Jahrhunderts, daß die Expansion der vom Blitz aufgeheizten Luft die Ursache für den Donner ist. Aus dem Durchmesser des Blitzkanals und der Temperatur im Inneren kann man berechnen, daß der Druck dort mehr als 100 bar beträgt. (Zum Vergleich: 1 bar ist der normale Luftdruck am Erdboden.) Die unter so hohem Druck stehende Luft will sich ausdehnen und erzeugt dabei einen Drucksprung, der den Blitzkanal ringförmig umgibt (siehe Abb. 5.8). Dieser Drucksprung breitet sich mit Schallgeschwindigkeit aus, wobei der Überdruck im Inneren abnimmt. Schon in einem Abstand von 5 m vom Zentrum des Blitzkanals beträgt der Drucksprung nur noch 0,8 bar, in 300 m Abstand nur noch etwa ein Tausendstel bar. Dennoch empfinden wir den Drucksprung in die-

Ein ähnlicher Drucksprung wie beim Donner ist der Überschallknall, den ein Flugzeug erzeugen kann.

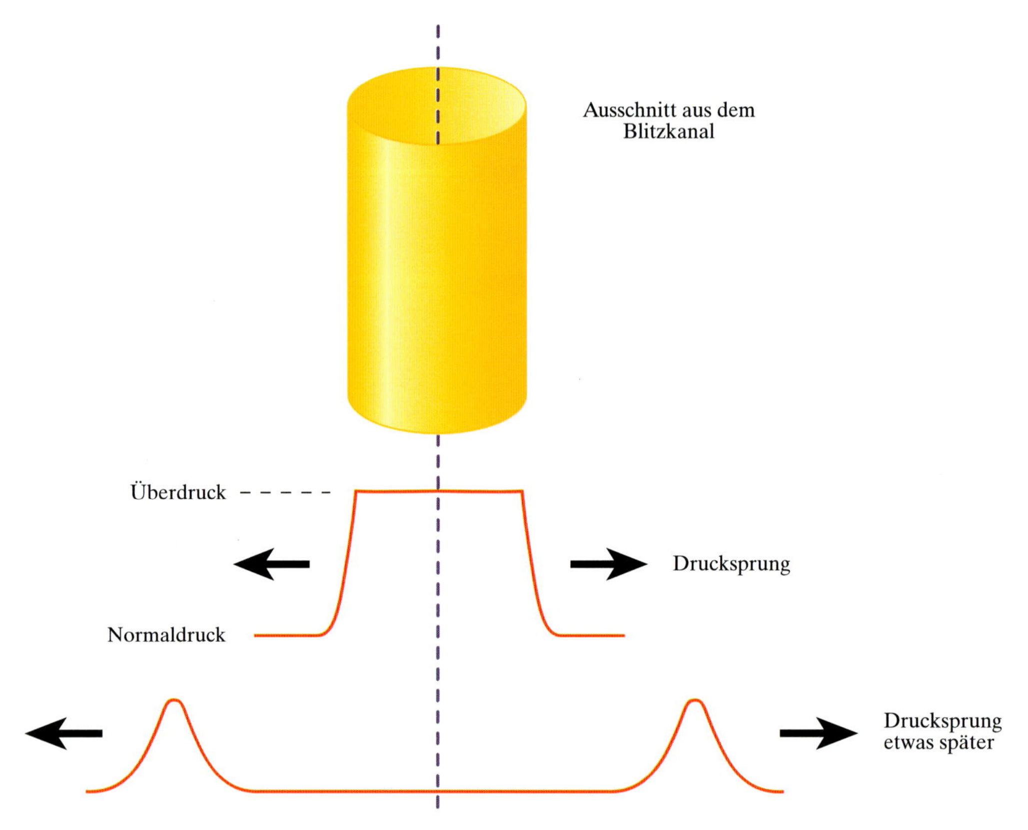

5.8 Drucksprung, den man als Donner wahrnimmt. Er läuft ringförmig auseinander, wobei der Überdruck im Innern abnimmt.

sem Abstand noch als lauten Donnerschlag, weil das menschliche Ohr noch Druckunterschiede von einem Millionstel bar als Geräusch wahrnehmen kann.

In einigen hundert Metern Abstand vom Blitzkanal hört man den Donner noch deutlich als einzelnen Knall, während in größeren Abständen das typische Grollen oder Rumpeln zu hören ist. Das liegt daran, daß der ursprünglich einzelne Knall an Wolken, Erdboden oder Bergen vielfach reflektiert wird, bevor er unser Ohr erreicht. Dabei legen die einzelnen Echos unterschiedliche Wege zurück, brauchen also unterschiedlich lange Zeiten, bis sie zu unserem Ohr gelangen. Der akustische

Gesamteindruck wird daher von der Überlagerung all dieser Echos bestimmt. Donner ist nur über eine Entfernung von etwa 25 km hörbar. In dieser Entfernung hat sich der Drucksprung soweit abgeflacht, daß die Hörbarkeitsgrenze erreicht ist. Bei noch weiter entfernten Blitzen hört man nichts mehr, man spricht dann vom „Wetterleuchten".

Die Schallgeschwindigkeit, mit der sich der Donner ausbreitet, beträgt bei 20 Grad Lufttemperatur 328 m/s. Zählt man also die Sekunden zwischen dem Aufleuchten des Blitzes und der Wahrnehmung des Donners und teilt diese Zahl durch 3, so erhält man die ungefähre Entfernung des Blitzkanals in Kilometern.

Kugelblitze, Perlschnurblitze, Elmsfeuer

Kugelblitze sind ein Phänomen, um das sich viele Legenden ranken. Es sind gelb bis rötlich leuchtende Kugeln von 10–20 cm Durchmesser, die offenbar in sehr seltenen Fällen in der Nähe des Ortes entstehen, in die ein normaler Blitz eingeschlagen hat. Sie existieren einige Sekunden lang, danach verlöschen sie geräuschlos oder mit einem explosionsartigen Knall, wobei nichts zurückbleibt. Es gibt allerdings auch Berichte, in denen Kugelblitze minutenlang beobachtet wurden. Sie bewegen sich in der Regel langsam in horizontaler Richtung, manchmal lautlos, manchmal mit einem zischenden Geräusch, können aber auch in der Luft stillstehen. Auch ein langsames Herabschweben aus einer Wolke ist beobachtet worden. Angeblich sollen sie Wände durchdringen können oder an Zaundrähten bzw. Telefonleitungen entlanglaufen. Bei menschlicher Berührung soll

Es wurde auch mehrfach berichtet, daß Kugelblitze sich entgegen der Windrichtung bewegen.

Es wurde z. B. beobachtet, daß ein Kugelblitz in einen mit Wasser gefüllten Eimer fiel, wobei er das Wasser zum Kochen brachte. Daraus konnte man die im Kugelblitz gespeicherte Energie abschätzen: Sie betrug ungefähr eine Kilowattstunde.

es Todesfälle gegeben haben, andere Beobachter haben sie ohne Verletzung überlebt und davon berichtet. Dabei wird selten von großer Hitze gesprochen. Aber es gibt auch Beobachtungen, bei denen Kugelblitze Holz anbrannten, Wasser zum Kochen oder metallische Gegenstände zum Schmelzen brachten. Beobachter berichten auch häufig von einem schwefelartigen Geruch.

In den letzten 300 Jahren sind etwa 1600 Berichte über Kugelblitze gesammelt worden, die Existenz dieser Naturerscheinung ist also unbestritten. Leider widersprechen sich die Schilderungen oft in wichtigen Details (s. u.). Es gibt auch kaum Fotos, die eine wissenschaftliche Auswertung zulassen. Das liegt sicher z. T. an der extremen Seltenheit des Phänomens: Aus der Häufigkeit der bisher gesammelten Beobachtungen kann man schließen, daß auf einer Fläche von einem Quadratkilometer nur etwa alle 600 Jahre ein Kugelblitz entsteht. Aufgrund dieses seltenen Vorkommens gibt es auch noch keine direkten Messungen an Kugelblitzen.

Eines der wenigen Kugelblitzfotos zeigt die Abbildung 5.9.

Aus der Fülle der Beschreibungen von Kugelblitzen sind im folgenden drei Augenzeugenberichte wiedergegeben, die im Jahre 1954 in der „Zeitschrift für Meteorologie“ abgedruckt wurden.

1. „Während des Gewitters am Nachmittag des 27. Juli 1952 (etwa gegen 17.45 Uhr) wurde das Auftreten eines Kugelblitzes in einem geschlossenen Zimmer des Hauses Neue Wöhr 14 ptr. außer von dem Unterzeichnenden von mehreren Anwesenden genau beobachtet. Wenige Sekunden nach einem in der Nähe niedergegangenen Blitzschlag wurde draußen vor dem Fenster plötzlich eine hellgleißende Kugel von etwa Faustgröße beobachtet, die sich in kurzwindigen Schlangenlinien von oben nach un-

5.9 Sehr seltenes Bild eines Kugelblitzes. Wo und wann dieses Bild aufgenommen wurde, ist nicht bekannt. Vermutlich war der helle Fleck am Dach des mittleren Hauses der Ausgangspunkt des Kugelblitzes. Er bewegte sich auf einer komplizierten Bahn bis in die linke obere Ecke des Bildes. Nimmt man eine Geschwindigkeit von 5 m/s an, so betrug seine Lebensdauer etwa 10 Sekunden. Seinen Durchmesser kann man im Größenvergleich zu den Fensterscheiben zu etwa 30 cm abschätzen. Die pulsierende Helligkeit längs eines Teils der Bahn erinnert an die Erscheinung eines Perlschnurblitzes. Die zwei hellen Flecken unterhalb des mittleren Hauses sind wahrscheinlich Reflexionen des oberen hellen Flecks auf einer nassen Straße. (Foto zur Verfügung gestellt vom Finnischen Meteorologischen Institut, Helsinki)

ten bewegte. Dann trat sie am Fensterkreuz durch die geschlossene Scheibe hindurch und bewegte sich durch die geöffneten Gardinen etwa einen halben Meter ins Zimmer hinein, machte darauf eine plötzliche Schwenkung um 90° parallel zur Zimmerwand und schwebte weiter etwa 1 Meter ins Zimmer hinein. Dann zerplatzte die leuchtende Kugelerscheinung mit einem kurzen, explosionsartigen und ohrenbetäubenden Knall. Die Farbe der leuchtenden Kugel war eine bläulich-violette mit rötlichem Einschlag, die während der ganzen Dauer der Erscheinung erhalten blieb. Die Dauer der Erscheinung betrug etwa 3 Sekunden. Irgendwelcher Schaden innerhalb oder außerhalb des Zimmers wurde nicht angerichtet. Nach dem Zerplatzen der leuchtenden Kugel konnte man den typischen Geruch, wie er bei elektrischen Entladungen auftritt, wahrnehmen.“

2. „Sommer 1888 Hamburg-Rothenburgsort, Billhorner Röhrendamm. Schweres Gewitter, nachmittags. Bei einem Blitzeinschlag. Feurige Kugel, Größe etwa 80 cm, rollte von der Straße durch Torweg, in dem Beobachter nebst einigen Frauen standen, in Hofplatz und löste sich dort in Nichts auf. Kein Geruch, keinerlei Wirkung außer Schreck.“
3. „Sommer zwischen 1915 und 1917, um Mittag, Bauernhof im Lauenburgischen. Gewitter. Kugel von Tennisballgröße fiel aus Sprechtrichter eines alten Wandtelefons, sonnengelb (?), rollte über Steinfußboden (in 1 m Entfernung) zu einer Pendeltür, ‚die sich wie von Geisterhand öffnete und schloß’, dann sehr rasch über große Diele zum Hühnerloch hinaus.”

Sogar die Zerstrahlung von Antimaterie wurde zur Erklärung von Kugelblitzen bemüht!

Aufgrund der z. T. widersprüchlichen Berichte schließt man, daß es verschiedene Typen von Kugelblitzen geben muß. Zahlreiche wissenschaftliche Erklärungsversuche sind bisher unternommen worden, die allerdings bis heute alle unbefriedigend geblieben sind. Sie reichen von glühenden Luftwirbeln über Hochfrequenzentladungen bis hin zu Plasmakugeln, die durch komplizierte innere Magnetfelder zusammengehalten werden. Kürzlich gelang es japanischen Wissenschaftlern mit starken Lasern, kugelförmige Entladungen im Labor zu erzeugen. Vielleicht können derartige Versuche in Zukunft das Geheimnis der Kugelblitze entschleiern helfen. Auch jeder Bericht über eine Kugelblitzsichtung kann wertvolle Hinweise für die Wissenschaft liefern (siehe Anschriften in Kapitel X).

Unter Perlschnurblitz versteht man eine Blitzvariante, bei der der Blitz keinen zusammenhängenden Kanal bildet, sondern in einzelne leuchtende Segmente von typischerweise 10 m Länge zerfällt. Von weitem erscheinen diese leuchtenden Segmente wie Perlen auf einer Schnur, daher der Name. Die Segmente leuchten dabei meist länger als eine normale Blitzspur. Auch Perlschnurblitze sind extrem selten. Sie könnten möglicherweise durch eine Instabilität des Plasmas im Blitzkanal entstehen, die in ähnlicher Form bereits im Labor studiert wurde.

Elmsfeuer schließlich hat mit einem Blitz nichts zu tun. Es handelt sich hierbei um eine Art kontinuierliche Entladung an hohen, spitzen Objekten. Da vor oder während eines Gewitters die Luft stark elektrisch geladen ist, herrschen an spitzen Gegenständen (z. B. Mastspitzen von Schiffen) sehr hohe elektrische Feldstärken. Es können daher Ströme aus der Luft in diese Spitze hineinfließen, wobei die Strombahnen schwach bläulich leuchten. Über der Spitze sieht man in diesem Fall eine büschelförmige Leuchterscheinung (Abb. 5.10). Eine Verwechslung mit einem Kugelblitz ist jedoch kaum möglich: Elmsfeuer leuchtet im allgemeinen viel länger als eine Minute und ist auch stets an die Spitze gebunden, kann sich also nicht fortbewegen. Wissenschaftlich gehört das Elmsfeuer zu den sogenannten Koronaentladungen.

Der Name dieser Leuchterscheinung soll auf St. Elmo zurückgehen, wie man den Hl. Erasmus in Italien nennt.

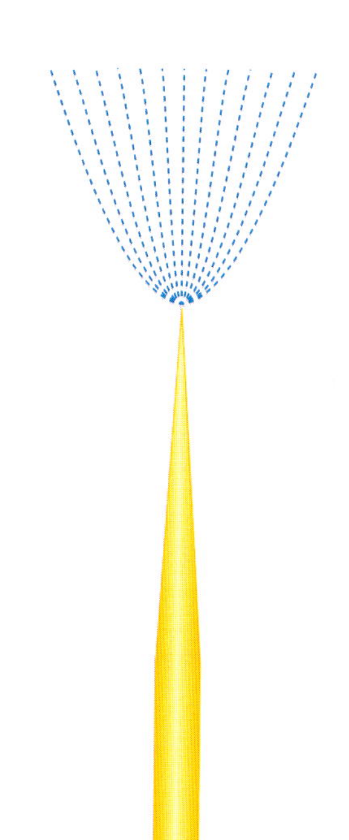

5.10 Schematische Darstellung des Elmsfeuers um eine Spitze.

Blitzgefahren, Blitzschutz, Blitzenergie

Unterschiedliche Auswirkungen gibt es allerdings bei diesen beiden Bäumen im Falle eines Einschlags: Während bei Buchen der Blitzstrom außen an der feuchten Rinde zur Erde abgeleitet wird, verläuft er bei Eichen oft innerhalb des Holzes, wobei durch die explosionsartige Verdampfung von Feuchtigkeit der Stamm zerschmettert werden kann.

Amerikanische Wissenschaftler schätzen, daß in den USA jährlich etwa 100 Personen durch Blitzschlag ums Leben kommen. Von Blitzen geht also zweifellos eine gewisse Gefahr aus, und Vorsicht ist in jedem Fall angebracht. Daß der alte Spruch „Eichen sollst du weichen, Buchen sollst du suchen!" wissenschaftlich längst widerlegt ist, hat sich inzwischen wohl herumgesprochen. Buchen werden genauso häufig vom Blitz getroffen wie Eichen und andere hohe Bäume. Niemals sollte man während eines Gewitters unter einem Baum Schutz suchen, der besonders hoch ist oder für sich allein steht. Solche Bäume ziehen Blitze förmlich an! Wenn Baumgruppen aufgesucht werden, sollte man niemals den Baum anfassen oder auf Wurzeln stehen, da der Blitz hauptsächlich über die Rinde des Baumes abgeleitet wird. Überrascht einen das Gewitter auf einer kahlen Fläche oder im Gebirge, ist die Gefahr besonders groß. Man sollte sich auf keinen Fall hinlegen oder breitbeinig stehen. Schlägt nämlich in der Nähe ein Blitz ein, so bilden sich auf der Erdoberfläche beträchtliche Potentialdifferenzen aus. So kann bei breitbeinigem Stehen zwischen den Beinen eine Spannung von mehr als 1000 Volt liegen. Empfohlen wird, sich hinzukauern und den Kopf einzuziehen. Nicht jeder vom Blitz Getroffene stirbt an den Folgen, am häufigsten sind Verbrennungen oder Lähmungen. Die einschlägigen „Erste-Hilfe"-Maßnahmen sind dann angebracht.

Aus den elektrischen Größen, die man in Blitzen gemessen hat, läßt sich die Energie ausrechnen, die bei einer typischen Blitzentladung, bestehend aus mehreren Hauptblitzen, frei wird. Sie liegt bei etwa 250 Kilowattstunden. Davon wird der größte Teil als Wärme freigesetzt, ein Teil als Radiostrahlung, wenige Prozent als Licht und Schall (Donner). Elektrisch nutzbar wären höchstens 10%, d. h. man könnte mit diesen 25 Kilowattstunden eine 100-Watt-Lampe etwa zehn Tage brennen lassen. Selbst wenn es gelänge, alle 100 Blitze, die im Mittel pro Sekunde auf der gesamten Erde einschlagen, zu zähmen, hätte man nur 9 Megawatt an Leistung gewonnen. Jedes Kraftwerk leistet heute mehr.

Könnte man einen Blitz mit Strom aus der Steckdose erzeugen, so würde er nur ein paar Mark kosten.

VI. Die Erdatmosphäre

Alle bisher besprochenen Leuchterscheinungen hatten in irgendeiner Weise mit dem Wetter zu tun: Regentropfen, Eiskristalle, Wolken, Gewitter. Das Wetter und demzufolge alle diese Erscheinungen spielen sich im untersten Stockwerk unserer Atmosphäre ab, der Troposphäre. (Der Begriff Troposphäre stammt von dem griechischen Wort „trope" Wendung. Er kennzeichnet die vielschichtigen Bewegungsvorgänge, denen die Luftmassen hier ausgesetzt sind.) Vor dem Hinaufsteigen in die höher gelegenen Stockwerke, in denen weitere zu besprechende Leuchterscheinungen auftreten, ist an dieser Stelle eine kurze Beschreibung der Erdatmosphäre angebracht.

In Abb. 6.1 ist die Erdatmosphäre mit ihren verschiedenen Stockwerken schematisch aufgezeichnet. Links findet man die entsprechenden Höhen, die untere Achse kennzeichnet die Temperatur, und an der rechten Seite sind einige Werte für die Teilchendichte angegeben, d.h. die Anzahl der Luftteilchen in einem Kubikzentimeter. Die Temperatur ist die wichtigste Kenngröße der Atmosphäre, nach ihr erfolgt auch die Einteilung in verschiedene Bereiche. In der Geophysik (oder genauer: der Aeronomie – der Lehre von der Lufthülle) werden diese Stockwerke „Sphären" genannt. Dieses Wort stammt aus dem Griechischen und bedeutet Kugel. Man muß sich vor Augen halten, daß die einzelnen Stockwerke Kugelschalen verschiedener Dicke sind, die die Erde umgeben.

Troposphäre, Stratosphäre, Mesosphäre

Die unterste dieser Sphären, die Troposphäre, ist der Bereich, in dem sich – wie bereits erwähnt – das Wetter abspielt. Die Wissenschaft vom Wetter ist die Meteorologie, daher zählt man die in Kapitel I bis IV beschriebenen Erscheinungen auch zur sogenannten meteorologischen Optik. Die Temperatur, die in Abb. 6.1 als dicke Kurve eingezeichnet ist, nimmt in der Troposphäre vom Bodenwert von etwa 20°C nach oben hin ab. Diese Temperaturabnahme, die im Mittel etwa 6,5°/km beträgt, ist eine Folge des nach oben abnehmenden Luftdrucks. Die unterste Luftschicht nahe am Erdboden wird durch das ganze Gewicht der darüberliegenden Luftmassen zusammengedrückt. Dort ist es daher wärmer als in höheren Schichten, auf denen nur noch ein geringer Teil der Atmosphäre lastet. Die Temperaturabnahme nach oben erfolgt allerdings nicht immer so gleichmäßig wie in der Abb. 6.1 gezeichnet. Bereits in Kapitel I wurden Temperaturinversionen erwähnt, bei denen warme Luft über kalte Luft geschichtet ist, also ein genau umgekehrter Temperaturverlauf vorliegt. Je nach Wetterlage kann in der unteren Troposphäre die Temperatur auch einmal stärker oder schwächer mit der Höhe abnehmen. Solche Unregelmäßigkeiten ändern aber nichts an der Tatsache, daß, über die ganze Troposphäre gesehen, die Temperatur von unten nach oben abnimmt. Das weiß auch jeder aus Erfahrung: Auf hohen Bergen ist es kälter als im Tal.

Die in einer Luftpumpe zusammengepreßte Luft wird ebenfalls warm!

Eine große Rolle bei der Temperaturverteilung spielt auch der Wasserdampf, in dem beträchtliche Energiemengen gespeichert sind. Diese sogenannte „latente Wärme“ wird bei der Kondensation frei und erwärmt die Luft.

Die Temperaturabnahme endet an der Tropopause, darüber steigt die Temperatur wieder. Die Tropopause

6.1 Schematischer Aufbau der Erdatmosphäre.

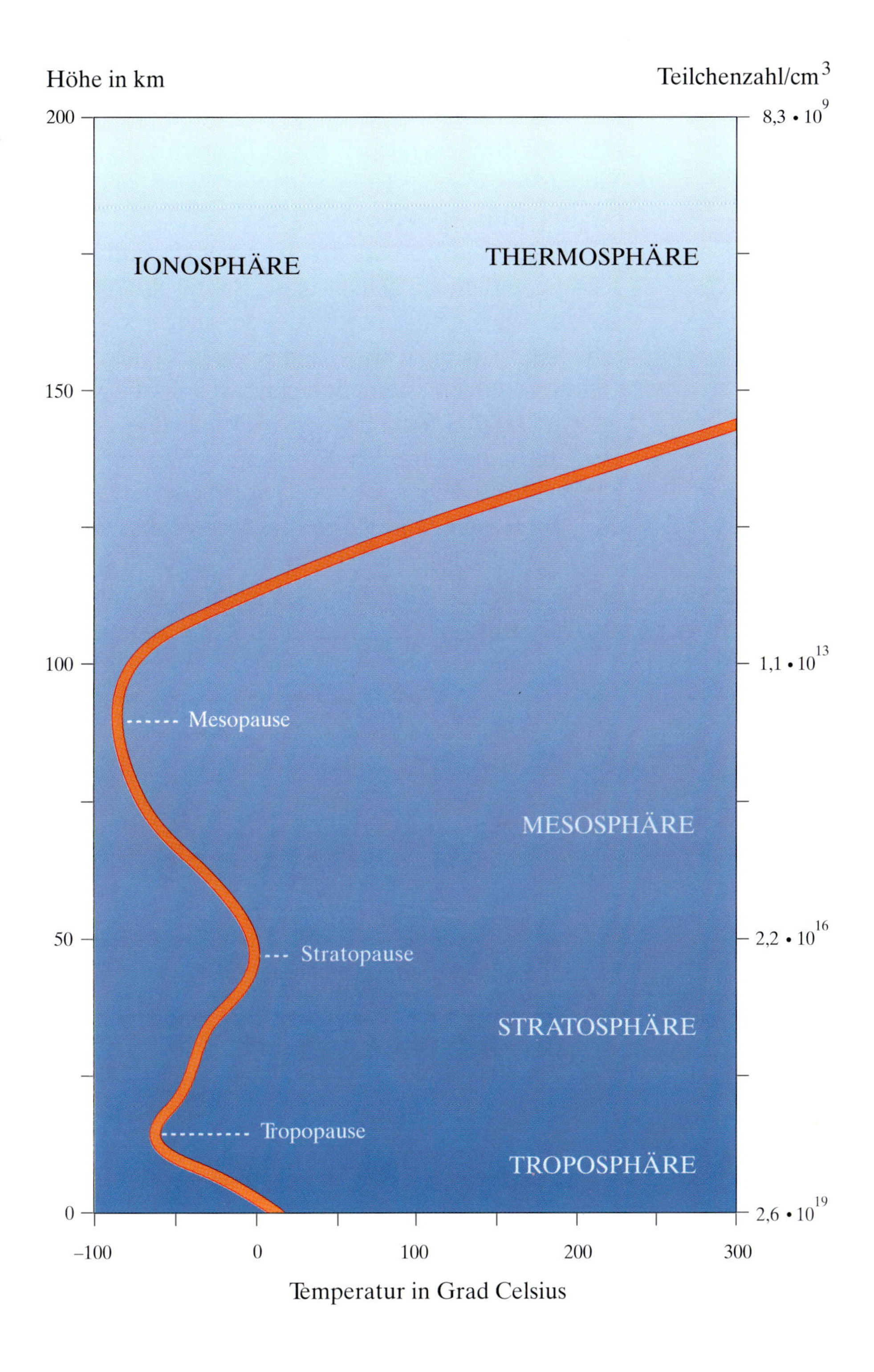
Höhe in km
Teilchenzahl/cm³
200
150
100
50
0
8,3 • 10⁹
1,1 • 10¹³
2,2 • 10¹⁶
2,6 • 10¹⁹
IONOSPHÄRE
THERMOSPHÄRE
Mesopause
MESOSPHÄRE
Stratopause
STRATOSPHÄRE
Tropopause
TROPOSPHÄRE
–100
0
100
200
300
Temperatur in Grad Celsius

ist also das Ende der Troposphäre, sie bildet die Grenze zur darüberliegenden Stratosphäre. In mittleren geographischen Breiten (also z. B. in Deutschland) liegt die Tropopause in einer Höhe von etwa 12 km, am Äquator bei 16 km, an den Polen bei 9 km.

Während die Luft in der Troposphäre durch Winde stark verwirbelt ist, geht es in der Stratosphäre viel ruhiger zu. Die Luft ist dort im wesentlichen vertikal geschichtet, was auch den Namen dieser Sphäre erklärt. „Stratos" (griech.) heißt Schicht. Daß hier die Temperatur wieder zunimmt, liegt im wesentlichen am Ozon. Ozon kann die Ultraviolettstrahlung der Sonne sehr wirkungsvoll absorbieren. Absorption bedeutet aber, daß die Energie der Ultraviolettstrahlung in dieser Schicht steckenbleibt. Energie ist gleichbedeutend mit Wärme, die Stratosphäre wird durch diese Ultraviolettabsorption also erwärmt.

Dank der Ozonschicht konnte sich überhaupt Leben auf der Erde entwickeln, ohne diesen Schutzschild würde alles Leben auf der Erde durch die Ultraviolettstrahlung zerstört.

Erwähnenswert ist auch, daß die Stratosphäre sehr trocken ist. Nur in ganz seltenen Fällen gibt es dort Wolken. Wenn sie auftreten, haben sie einen charakteristischen irisierenden Glanz, weshalb sie als Perlmutterwolken bezeichnet werden. Sie bestehen aus Eiskristallen wie die Cirruswolken. Daß sie viel höher liegen müssen als letztere, erkennt man an der Tatsache, daß sie noch bis zu zwei Stunden nach Sonnenuntergang sichtbar sein können. Die für einen am Erdboden stehenden Beobachter bereits lange untergegangene Sonne kann diese in etwa 22–28 km Höhe liegenden Wolken noch so lange beleuchten. Ungeübte Beobachter können diese Wolken leicht mit den leuchtenden Nachtwolken verwechseln, die in etwa 82 km Höhe auftreten (vgl. Kapitel VIII).

In der Stratosphäre und Mesosphäre finden auch viele chemische Prozesse zwischen den dort vorhandenen atmosphärischen Bestandteilen statt, die diese Schichten nachhaltig beeinflussen.

Die Stratopause in ca. 50 km Höhe markiert das Ende der Stratosphäre, darüber liegt die Mesosphäre. Da man zur Zeit der Namensgebung für die verschiedenen Schichten noch sehr wenig über diesen Teil der Atmosphäre wußte, gab man ihr die etwas nichtssagende Bezeichnung mittlere (griech. meso) Schicht. Hier gibt es kaum noch Ozon, von der Sonnenstrahlung wird also wenig absorbiert, die Luft bleibt kalt. Für eine zusätzliche Abkühlung sorgt auch noch die Abstrahlung von Wärme nach oben in den Weltraum, die vor allem von Kohlendioxid-Molekülen ausgeht. Die Temperaturabnahme reicht bis zur Mesopause, hier wird der kälteste Punkt der Atmosphäre erreicht.

Thermosphäre, Ionosphäre

Oberhalb der Mesopause nimmt die Temperatur wiederum zu, es wird also wärmer: wie die Temperaturkurve in Abb. 6.1 zeigt, sogar sehr warm. Daher kommt auch der Name dieser Schicht (griech. thermo warm). Auch diese Temperaturerhöhung hängt wieder mit der Absorption von Sonnenstrahlung zusammen. Hier ist es die sehr kurzwellige Strahlung mit Wellenlängen unterhalb 200 nm, man bezeichnet sie auch als extremes Ultraviolett (EUV). Die Intensität dieser kurzwelligen Strahlung ist zwar nur gering, aber ihre Energie ist beträchtlich, da sie umgekehrt proportional zur Wellenlänge ist. Da die Luft dort oben nur noch sehr dünn ist, reicht die absorbierte Sonnenstrahlung aus, um sie auf sehr hohe Temperaturen aufzuheizen. Die Abb. 6.1 zeigt nur einen Ausschnitt der tatsächlich vorkommenden Temperaturen, oberhalb von 200 km werden Werte von über 1000 °C erreicht.

In 100 km Höhe ist die Luftdichte nur noch etwa 1/2 Millionstel der Dichte am Erdboden, wie die Skala an der rechten Seite der Abb. 6.1 verdeutlicht.

Neben der Bezeichnung Thermosphäre steht in der Abb. 6.1 auch noch der Begriff Ionosphäre. Damit wird eine neue Eigenschaft der Atmosphäre gekennzeichnet, die oberhalb von etwa 90 km Höhe beginnt. Durch die energiereiche EUV-Strahlung von der Sonne wird die Luft nicht nur aufgeheizt, sondern auch ionisiert (vgl.

Kasten auf Seite 82). Der Bruchteil der vorhandenen Luftteilchen, die ionisiert sind, ist extrem gering. In 100 km Höhe ist es etwa ein Millionstel Prozent aller vorhandenen Teilchen, in 300 km Höhe sind es etwa 0,5 %. Trotz dieser minimalen Beimischung verleihen die Ionen und Elektronen der Luft völlig neue Eigenschaften. So kann sie z. B. Radiowellen reflektieren, oder es können elektrische Ströme in ihr fließen. Man verwendet daher den Begriff Ionosphäre, wenn die speziellen Eigenschaften der Ionen und Elektronen im Vordergrund stehen, den Begriff Thermosphäre dagegen, wenn es vorwiegend um das neutrale Gas geht. Beide bezeichnen etwa den gleichen Höhenbereich.

Die Tatsache, daß man mit Kurzwellensendern relativ kleiner Leistung (z. B. 100 W) um die ganze Erde funken kann, ist auf die Reflexion dieser Wellen an der Ionosphäre zurückzuführen.

Anzumerken ist noch, daß der in Abb. 6.1 gezeichnete Temperaturverlauf einen zeitlichen und räumlichen Mittelwert darstellt. Genau genommen variiert die Temperatur in den Schichten und Pausen sowohl mit der Jahreszeit als auch mit der geographischen Breite des Beobachtungsorts; die Temperatur in der Thermosphäre hängt darüber hinaus noch von der Sonnenaktivität ab (siehe Kapitel IX).

Sowohl Thermosphäre als auch Ionosphäre haben keine scharfe Obergrenze. Sie gehen mit zunehmender Höhe stetig in den sogenannten interplanetaren Raum über, den fast leeren Weltraum zwischen den Planeten. Dieser Übergangsbereich wird auch Exosphäre genannt. Verlängert man die Dichteskala auf der rechten Seite der Abb. 6.1 nach oben, so findet man in 1000 km Höhe noch 3×10^5 Teilchen/cm^3, in 50000 km nur noch etwa 15 Teilchen/cm^3. Dabei nähert sich der Ionisationsgrad 100 %, d. h. weit draußen sind kaum noch neutrale Teilchen vorhanden. In einer Entfernung von 1 Million Kilometern ist von der Erdatmosphäre nichts mehr zu spüren. Pro Kubikzentimeter findet man dort nur noch etwa 5 Ionen und 5 Elektronen pro Kubikzentimeter. Das entspricht der mittleren Dichte des interplanetaren Raumes.

Zum Schluß noch etwas über die Zusammensetzung der atmosphärischen Gase. Bis in etwa 100 km Höhe liegt ein Gemisch vor, das zu 78% aus Stickstoff (N_2) und zu 21% aus Sauerstoff (O_2) besteht. Das verbleibende Prozent teilen sich die Edelgase Argon, Neon und Helium sowie verschiedene Spurengase wie Kohlendioxid (CO_2), Methan (CH_4), Wasserdampf (H_2O), Ozon (O_3). Oberhalb von 100 km nimmt der Anteil von N_2 und O_2 langsam ab, dafür der atomare Sauerstoff (O) zu, der zwischen 300 und 400 km Höhe den Hauptbestandteil darstellt. Atomarer Sauerstoff ist in tieferen Schichten fast überhaupt nicht zu finden, er entsteht in der Thermosphäre durch chemische Reaktionen aus O_2, unter Mithilfe der Ultraviolettstrahlung der Sonne. Oberhalb von 500 km nimmt auch der atomare Sauerstoff wieder ab, und Helium sowie atomarer Wasserstoff (H) werden zum Hauptbestandteil. Diese beiden Gase sind zwar in niedrigen Höhen auch vorhanden, fallen dort aber wegen ihrer geringen Beimischung nicht ins Gewicht. Atomarer Wasserstoff bleibt Hauptbestandteil bis in den interplanetaren Raum hinein. Wasserstoff ist ja überhaupt das häufigste chemische Element im Universum, er liegt oberhalb von 10000 km allerdings fast ausschließlich in ionisierter Form vor.

Einige dieser Spurengase (vor allem CO_2) sind verantwortlich für den Treibhauseffekt.

VII. Meteore

„Da, schau, eine Sternschnuppe! – Wünsch dir was!“ – So sind wir als Kinder wohl alle auf diese Leuchterscheinung am Himmel aufmerksam gemacht worden. Heute sind wir aufgeklärt und wissen, daß das Leuchten durch kleine Körper entsteht, die aus dem Weltraum in die Erdatmosphäre eindringen und sich in der Luft bis zum Glühen erhitzen.

Doch was sind das für Körper? Woher kommen sie? Was spielt sich bei ihrem Eintritt in die Atmosphäre genau ab? – Diese Fragen sollen im folgenden behandelt werden.

Der deutsche Name Sternschnuppe hat eigentlich einen ganz kuriosen Ursprung: Früher benutzte man zum Beschneiden der Dochte von Kerzen und Öllampen sogenannte Lichtputzscheren. Bei ihrer Anwendung fielen oft kleine, noch brennende Stückchen des Dochtes zu Boden. Diese leuchtenden Stückchen nannte man Schnuppen. Bei den Sternschnuppen dachte man also zunächst offenbar an Stückchen von Sternen, die vom Himmel fielen.

Der Begriff Meteor stammt von dem griechischen Wort „meteoros“ = in der Luft schwebend; mit „meteoron“ bezeichneten die Griechen eine Luft- oder Himmelserscheinung. Heute versteht man unter Meteorologie eigentlich nur noch die Wetterkunde.

Das war ganz offensichtlich nur die Meinung des Volkes, denn diese Auffassung stand lange Zeit im Gegensatz zur herrschenden Lehrmeinung. Von dem griechischen Naturforscher und Philosophen *Aristoteles* angefangen bis ins vorige Jahrhundert hinein hielten die Gelehrten die Meteore für eine rein atmosphärische Erscheinung. Noch *Alexander v. Humboldt* zweifelte in seinem 1845 erschienenen Werk „Kosmos“ die außerirdische Herkunft der Sternschnuppen an, obwohl bereits 1794 der deutsche Physiker *Ernst Chladni* die wirkliche Herkunft erkannt und seine dementsprechenden Ergebnisse auch veröffentlicht hatte.

Kosmische Körper

Asteroiden werden häufig auch als Planetoiden oder Kleinplaneten bezeichnet.

Die Körper stammen tatsächlich aus dem Weltraum, genauer gesagt aus unserem Sonnensystem. Dort draußen gibt es neben den großen Himmelskörpern, den Planeten und ihren Monden und den Asteroiden, noch kleinere Körper, deren Durchmesser zwischen einigen Metern und wenigen Mikrometern liegen kann. In ihrer Gesamtheit bilden diese Körper die sogenannte interplanetare Materie. Man vermutet, daß diese kleinen Körper im wesentlichen durch den Zerfall und das Aufbrechen größerer Gebilde entstanden sind. Zu diesen zerfallenden Himmelskörpern gehören Kleinplaneten mit Durchmessern von einigen 100 m bis einigen 1000 m. Es gibt wahrscheinlich etwa 100000 davon in unserem Sonnensystem. Auch von Kometen können Stücke abbrechen, oder sie können sich im Laufe von Jahrmillionen in kleine Bruchstücke auflösen. Weiter unten wird darauf noch näher eingegangen.

Alle Körper der interplanetaren Materie, seien es Staubteilchen, Asteroiden oder Kometen, gehorchen in gleicher Weise den Keplerschen Gesetzen (siehe Kasten auf Seite 107), d. h. sie bewegen sich wie die Planeten auf Ellipsenbahnen um die Sonne. Kreuzt die Erde auf ihrem Weg um die Sonne so eine Bahn (siehe die weiter unten ausführlich erläuterte Abb. 7.2), so dringen die Körper in die Erdatmosphäre ein und verglühen dort. – Wir sehen einen Meteor!

Laut Duden kann man im Deutschen der Meteor oder auch das Meteor sagen.

Die Keplerschen Gesetze

Aufbauend auf dem Beobachtungsmaterial des dänischen Astronomen *Tycho Brahe,* entwickelte *Johannes Kepler* aus Weil der Stadt in den Jahren 1609 bis 1619 seine berühmten Gesetze, die die Bewegung von Himmelskörpern um die Sonne beschreiben.
Sein erstes Gesetz lautet: „Die Bahn jedes Planeten ist eine Ellipse, in deren Brennpunkt die Sonne liegt." Bei den meisten Planeten – auch bei der Erde – ist diese Ellipse fast wie ein Kreis geformt. Kometenbahnen dagegen zeigen meist deutlich die Ellipsenform.
Das zweite Gesetz lautet: „Der Radiusvektor überstreicht in gleichen Zeiten gleiche Flächen." Es besagt, daß der Körper im sonnennächsten Punkt seiner Bahn eine größere Geschwindigkeit aufweist als im sonnenfernsten.
Das dritte Gesetz beschreibt ein bestimmtes Verhältnis von Bahnachse zu Umlaufszeit.

An dieser Stelle ist zunächst eine Definition der Begriffe angebracht: Unter „Meteor" versteht man die Gesamtheit aller Erscheinungen, die sich abspielen, wenn ein kosmischer Körper in die Atmosphäre eindringt. Der Körper selbst wird „Meteoroid" genannt, solange er sich im Weltraum oder in der Atmosphäre aufhält. Erreichen er oder seine Bruchstücke den Erdboden, so spricht man von „Meteoriten".

Meteoroid in Analogie zu Asteroid.

Die Anzahl der Meteoroide, die aus dem interplanetaren Raum in die Erdatmosphäre eindringen, ist gewaltig: Etwa 30 000 Körnchen pro Sekunde mit einer Masse bis zu einem Gramm, 100 000 Brocken pro Jahr mit Massen zwischen 1 g und 100 t, und 5 pro Jahr mit einer

Masse von mehr als 100 t. Ein kugelförmiger Meteoroid mit einer Masse von 100 t hat immerhin schon einen Durchmesser von etwa 3 m.

Die Leuchterscheinung

Die äußeren, sehr dünnen Schichten unserer Atmosphäre in den Höhen oberhalb von etwa 150 km werden von diesen Körpern relativ unbeschadet durchquert. Erst darunter ist die Atmosphäre dicht genug, um den mit Geschwindigkeiten zwischen 11 und 72 km/s eindringenden Körpern einen merkbaren Luftwiderstand entgegensetzen zu können. Die Wechselwirkung des Meteoroiden mit den Gasteilchen der Atmosphäre wird mit dem Wort Reibung nur unvollkommen beschrieben. Zum einen treffen Luftteilchen auf die Stirnfläche des Meteoroiden und tragen dabei zu seiner Aufheizung bei, zum anderen wird aber auch die Luft vor dem eindringenden Körper so stark komprimiert, daß sie sich erhitzt. Auch diese Wärme wird zum Teil auf den Meteoroiden übertragen. Ohne auf alle diese Wechselwirkungsprozesse im einzelnen einzugehen, kann man sagen, daß ein großer Teil der Bewegungsenergie des Meteoroiden in Wärmeenergie umgewandelt wird. Die Aufheizung wird beim weiteren Eindringen so stark, daß die Oberfläche des Meteoroiden zu glühen und danach zu verdampfen beginnt. Ist der Körper nur klein, so verdampft er dabei vollständig. Das ist meistens in einer Höhe zwischen etwa 70 km und 90 km der Fall, d. h. in dieser Höhe hört dann das Leuchten auf. Größere Brocken überstehen die Höllenfahrt durch die Atmosphäre und gelangen schließlich, im wahrsten Sinne des Wortes abgebrannt, auf den Erdboden.

Große Meteoroide zerbrechen oft durch die Reibungskräfte, wobei die Bruchstücke einzeln verglühen.

Doch zurück zur Leuchterscheinung: Auch sie hat mehrere Ursachen. Die beim Verdampfen losgelösten Moleküle des Meteoroidenmaterials stoßen mit den Gasmolekülen der Luft zusammen. Dabei kommt es zu Stoßanregung und anschließender Emission von Licht (siehe Kapitel V). Es ist also nicht der glühende Meteoroid, den man leuchten sieht, sondern die glühende Luft um ihn herum. Man nennt diese leuchtende Gashülle, die den Meteoroiden umgibt, die Coma, genau wie bei einem Kometen. Die Coma hat einen Durchmesser, der mehr als 1000 mal größer ist als der Meteoroid selbst. Durch seine Bewegung wird die Coma nach hinten weggezogen; der Meteoroid hinterläßt also einen Schlauch aufgeheizter Luft. Die Aufheizung ist so stark, daß die Luft in diesem Schlauch ionisiert, d. h. in Ionen und Elektronen aufgespalten wird (siehe Seite 82). Wenn sich die freien Elektronen nach kurzer Zeit wieder mit den Ionen verbinden, wird Licht emittiert. Dieses sogenannte Rekombinationsleuchten verursacht im wesentlichen den langen „Lichtfaden" am Himmel. Es ist der Schlauch aus glühender Luft, der – je nach Größe des Meteoroiden – einige Zehntel Sekunden bis zu mehreren Sekunden lang leuchtet, solange bis die Luft sich wieder abgekühlt hat. Auch die Ionisation bleibt während dieser Zeit erhalten. Mit einem Radargerät, dessen elektromagnetische Wellen an dem Ionenschlauch reflektiert werden, kann man auch sehr schwache Meteore nachweisen, die mit bloßem Auge selbst nicht sichtbar sind. Man bezeichnet solche Meteore daher auch als Radiometeore. Auch am Tage, wenn der Himmel hell ist und man deshalb keine Meteore sehen kann, wird diese Radartechnik angewandt, um Meteore zu studieren. Der Ionenschlauch wird durch die in der Mesosphäre herrschenden Winde mitgenommen. Diese Bewegung kann ebenfalls mit dem Radargerät gemessen werden. Die Radarmethode wird daher auch dazu benutzt, Winde in der Mesosphäre zu studieren.

Beim Rekombinationsleuchten wird genau die Energie in Form von Licht wieder abgestrahlt, die notwendig war, um das Elektron vom Atom abzuspalten.

Wie im Kapitel V beim Blitz beschrieben, kann man auch das Licht eines Meteors in seine Farben zerlegen und aus dem Spektrum die Atome und Moleküle bestimmen, die das Licht aussenden. Neben den atmosphärischen Gasen findet man dabei besonders die Atome des Meteoroidenmaterials, also z. B. Eisen, Nickel, Silizium und Calcium.

Die Leuchtstärke der Meteore klassifiziert man nach der astronomischen Skala, mit der auch die Helligkeit von Sternen und anderen Himmelskörpern angegeben wird. Zur Veranschaulichung gibt die folgende Tabelle einige Helligkeiten von bekannten Himmelsobjekten an:

Gerade noch mit bloßen Auge sichtbarer Stern	6^m
Polarstern	$2.^m1$
Wega	0^m
Jupiter	-2^m
Venus	$-4.^m5$
Vollmond	$-12.^m6$
Sonne	-27^m

Dieses Klassifikationsschema wurde schon im Altertum benutzt, wovon noch das hochgestellte m („magnitudo", lat. Größe) Zeugnis ablegt. Es handelt sich um eine sogenannte logarithmische Skala, d. h. eine Größenklasse entspricht einem Helligkeitsfaktor von $10^{0,4} = 2,51$. Für den astronomischen Laien ist es zunächst ungewohnt, daß lichtschwache Objekte durch große positive Zahlen, lichtstarke dagegen durch große negative Zahlen gekennzeichet werden.

Der Jupiter ist also nach der obigen Tabelle $10^{0,8}$ = 6,3mal heller als die Wega.

Die meisten beobachteten Meteore haben Helligkeiten, die zwischen 2^m und 5^m liegen, also lichtschwächer als der Polarstern sind. Hellere Meteore sind seltener. Bei größeren Helligkeiten als -4^m spricht man von Feuerkugeln oder Boliden. Sie können in sehr seltenen Fällen die Helligkeit des Vollmonds erreichen und einen deutlichen Schattenwurf verursachen.

Die Helligkeit eines Meteors hängt nicht nur von seiner Masse, sondern auch von seiner Geschwindigkeit ab. Es ist daher schwierig, von der Helligkeit auf seine Masse bzw. Größe zu schließen. Die in der wissenschaftlichen Literatur angegebenen Werte variieren in einem weiten Bereich. So wird zum Beispiel für einen Meteor der Helligkeitsklasse 0^m eine Meteoroidenmasse zwischen 0,03 und 25 g angegeben. Ein Meteor dieser Helligkeitsklasse ist schon recht spektakulär, so daß die geringe Masse eigentlich erstaunlich ist. Es folgt daraus, daß die häufigsten Meteore (Helligkeit 2^m bis 5^m) von Teilchen verursacht werden, die nur wenige Milligramm wiegen. Teilchen mit Massen unterhalb etwa 1 mg verursachen Meteore, die man nicht mehr mit bloßem Auge, sondern nur noch durch ein Fernrohr beobachten kann. Die Helligkeit dieser sogenannten „teleskopischen Meteore" liegt unter 6^m.

Höhenbestimmung

Woher weiß man nun, daß das Aufleuchten eines Meteors in etwa 70–100 km Höhe passiert? Das Stichwort heißt hier „Triangulation". Man versteht darunter eine Beobachtung des Lichtschlauchs aus verschiedenen Richtungen. Abb. 7.1 veranschaulicht das Prinzip. Der Beobachter A sieht einen Meteor unter dem Winkel α, der Beobachter B unter dem Winkel β. Ist der Abstand zwischen A und B bekannt, so kann man mit den Gesetzen der Trigonometrie die Höhe berechnen.

Diese Technik der Höhenbestimmung haben im übrigen zum ersten Mal zwei schlaue Göttinger Studenten angewandt. *Heinrich Wilhelm Brandes* und *Johann Friedrich Benzenberg* bestimmten auf diese Weise im Jahre 1798 die Höhe, in der Meteore aufleuchten. Sie

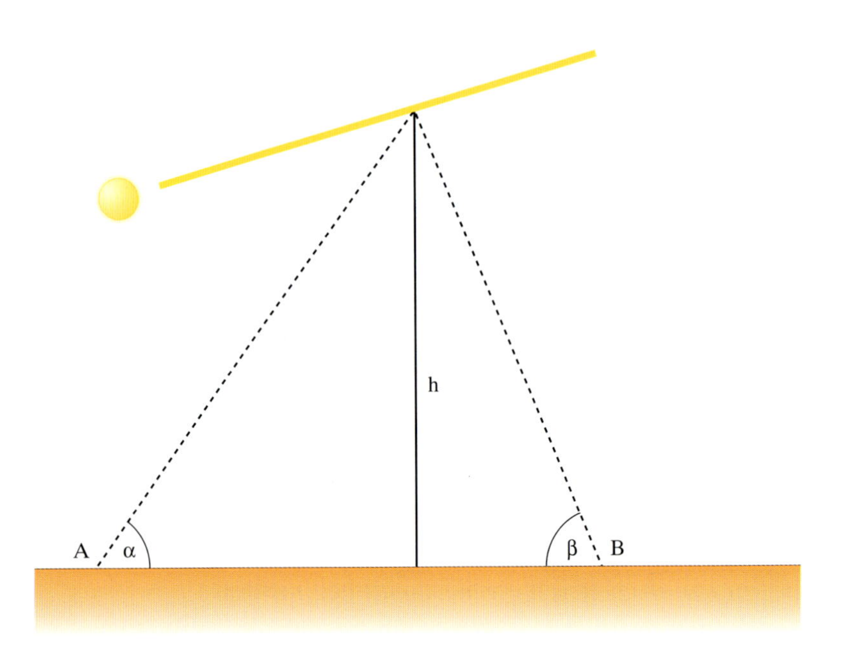

7.1 Höhenbestimmung einer Meteorbahn durch Triangulation.

Brandes und Benzenberg benutzten einen Abstand zwischen A und B von 15 km.

maßen die Winkel α und β nicht direkt, sondern zeichneten die von zwei Punkten (A und B) aus beobachteten Meteorbahnen in Sternkarten ein. Für die Winkel, unter denen die nahe der Bahn gelegenen Sterne zu sehen sind, hatten die Astronomen schon damals genaue Tabellen, so daß die Höhenberechnung keine Schwierigkeiten machte. Brandes und Benzenberg konnten auf diese Weise erstmalig aus der Leuchtdauer auch die Geschwindigkeit von Meteoren bestimmen.

Meteorströme

Laurentius war ein Christ, der im Jahre 258 in Rom den Märtyrertod erlitt. Sein Namenstag ist der 10. August.

Schon früh hatte man beobachtet, daß Sternschnuppen zu bestimmten Jahreszeiten besonders häufig erscheinen, wie z. B. die sogenannten „Tränen des Laurentius“ Anfang August. Die Astronomen haben diesen Meteorströmen, wie man sie bezeichnet, Namen von Sternbildern gegeben, aus denen die Meteore scheinbar kommen. Man bezeichnet diesen scheinbaren Herkunftsort auch als Radiant des Meteorstroms. In der Tabelle sind die ergiebigsten von ihnen aufgeführt.

Name	Radiant	Zeitraum	Anz./ Stunde	Herkunft soweit bekannt
Perseiden	Perseus	20. 7.–19. 8.	100	Komet Swift-Tuttle
Geminiden	Zwillinge	5. 12.–19. 12.	120	Planetoid Phaethon
Quadrantiden	Bootes	1. 1.– 4. 1.	120	
Orioniden	Orion	11. 10.–30. 10.	25	Komet Halley
δ Aquariden	Wassermann	25. 7.–10. 8.	15	
Lyriden	Leier	12. 4.–24. 4.	20	Komet Thatcher
Tauriden	Stier	21. 9.–10. 12.	15	Komet Encke

Die in der Tabelle angegebenen Zahlen für die stündlichen Häufigkeiten sind sogenannte Zenit-Häufigkeiten, d. h. sie gelten nur, wenn der betreffende Radiant sich im Zenit des Beobachters (genau über seinem Kopf) befindet. Liegt er nahe am Horizont, verringert sich die Beobachtungsrate ganz erheblich.

Warum die Meteore eines Stroms alle aus dem betreffenden Sternbild zu kommen scheinen, soll mit der Abb. 7.2 erläutert werden. Die Erde bewegt sich auf einer nahezu kreisförmigen Bahn um die Sonne, während die Meteoroiden meistens auf langgestreckten elliptischen Bahnen fliegen. Erreicht die Erde den Punkt S, so kreuzen sich die Bahnen, und man sieht die Meteore scheinbar aus der Richtung eines sehr viel weiter entfernten Sternbildes kommen. Nach einem Jahr ist die Erde genau wieder an dem gleichen Punkt S angekommen, und man beobachtet den gleichen Strom. Bei der Abbildung muß man noch berücksichtigen, daß die Erdbahn und die Meteoroidenbahnen im allgemeinen nicht in der gleichen Ebene liegen.

Liegen beide Bahnen tatsächlich in einer Ebene, so begegnen sich Erde und Meteoroiden zweimal im Jahr. Das ist z. B. bei den Orioniden der Fall, die Anfang Mai auch als η-Aquariden erscheinen.

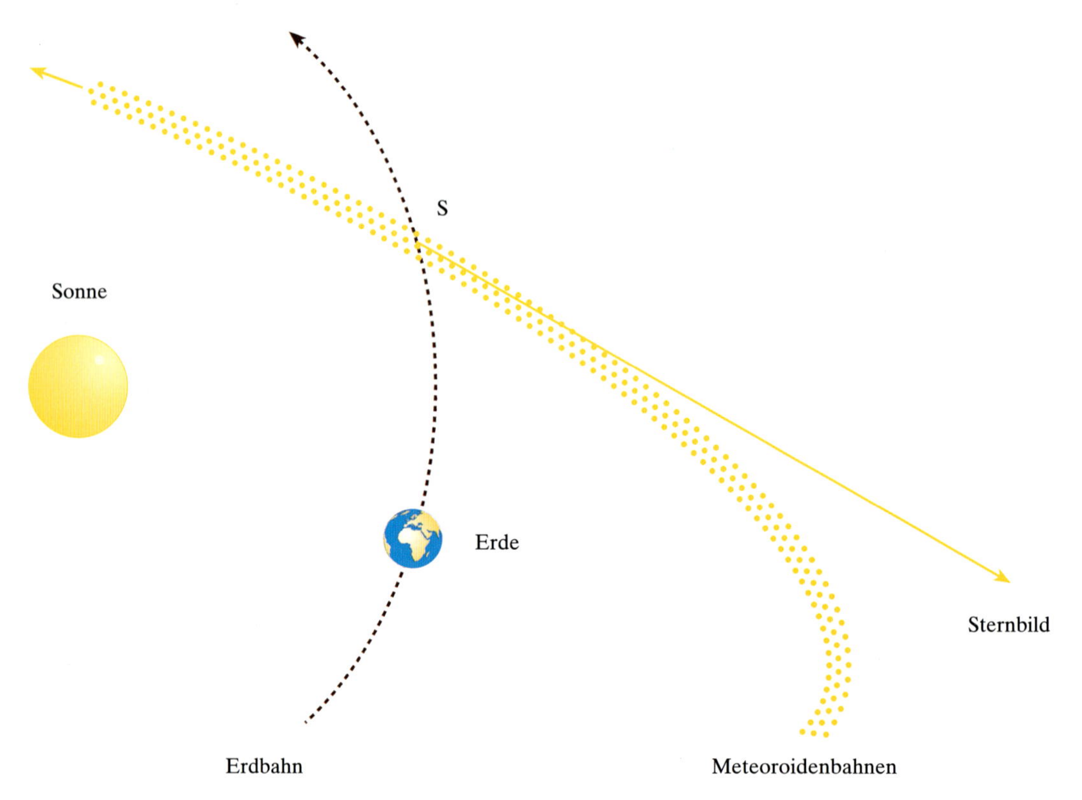

7.2 Meteoroidenbahnen im Sonnensystem und scheinbarer Herkunftsort.

Natürlich wird man jetzt fragen, warum die Meteoroiden eines Stroms alle auf einer so regelmäßigen Bahn fliegen. Die Ursache dafür sind die zerfallenden Himmelskörper oder Kometen, die bereits kurz erwähnt wurden. Wenn sie sich in Bruchstücke auflösen, so gehorchen auch diese Teile weiterhin den Keplerschen Gesetzen, d. h. sie behalten die Bahn des ursprünglichen Himmelskörpers bei. Im Laufe der Zeit kommt es dann, zum Teil durch den Einfluß der Sonne und der großen Planeten, zu leichten Bahnveränderungen, die bewirken, daß die Bruchstücke sich schließlich längs der ganzen Bahn und auch ein wenig quer dazu verteilen. Sie bilden gewissermaßen einen Gürtel, wie in Abb. 7.2 durch das punktierte Band dargestellt. Bei einigen dieser Meteorströme kennt man den betreffenden Kometen, konnte also das Auflösen bzw. Abbröckeln beobachten. Diese Kometen sind in der letzten Spalte der obigen Tabelle eingetragen. Einen Sonderfall stellt hier das Ursprungsobjekt der Geminiden dar. Aus vielen Einzelbeobachtungen haben die Astronomen herausbekommen, daß es kein Komet, sondern ein Kleinplanet mit dem offiziellen Namen 3200 Phaeton ist, von dem im Laufe der Zeit immer wieder Teile abgebrochen sind. Er wurde erst im Jahre 1983 entdeckt und hat einen Durchmesser von nur 5,2 km.

Fotografiert man den Radianten eines Meteorstroms mit einer Kamera, die so montiert ist, daß die Erddrehung kompensiert wird, und wartet man einige Meteore ab, so erhält man ein Bild, wie es schematisch in Abb. 7.3 dargestellt ist. Man erkennt, daß die Meteorbahnen eines Stroms von einem Punkt aus fächerförmig auseinanderlaufen. Dies ist ein perspektivischer Effekt. In Wirklichkeit verlaufen die Bahnen parallel, genauso wie auch zwei Eisenbahnschienen parallel liegen, obwohl sie in der Ferne zusammenzulaufen scheinen.

Feuerkugeln

Wie bereits erwähnt, sind die meisten Meteoroiden klein und verglühen daher vollständig in der Atmosphäre. Was passiert aber nun, wenn tatsächlich ein größerer Körper in die Atmosphäre eindringt?

Nun, zunächst ist dann die Leuchterscheinung entsprechend spektakulärer. Der Lichtschlauch kann sich über ein großes Stück des Himmels erstrecken, ist heller und leuchtet länger. Abb. 7.4 zeigt ein Foto einer solchen Feuerkugel mit einer Helligkeit von -8^{m}.

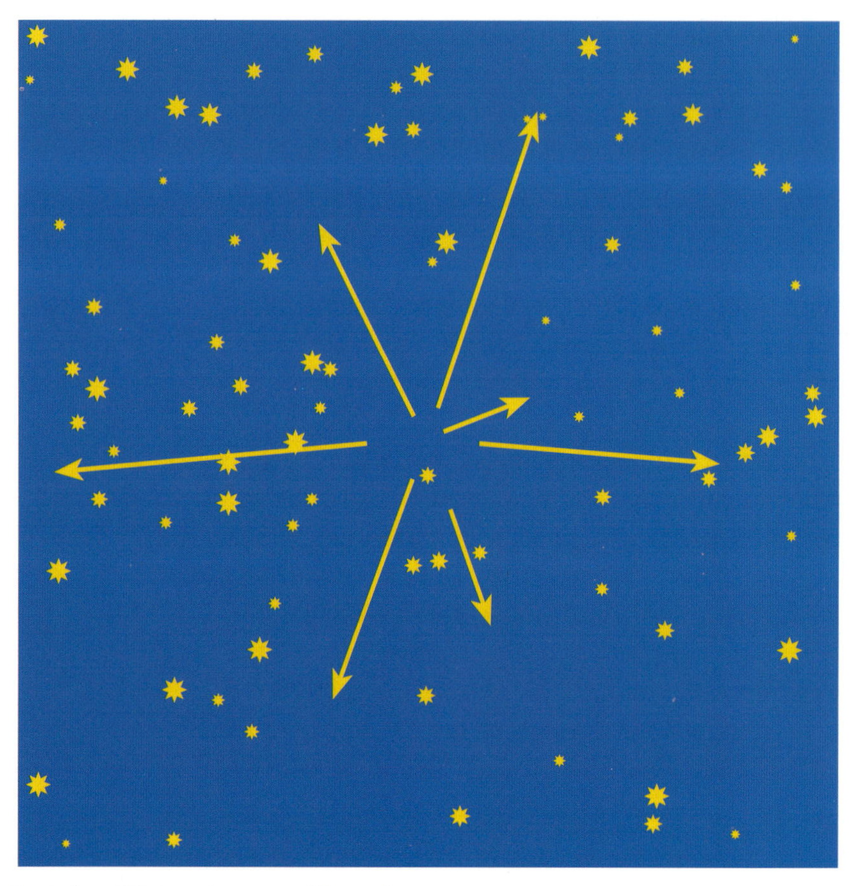

7.3 Radiant eines Meteorstroms am Himmel.

Verdampft der ganze Meteoroid explosionsartig, beobachtet man einen sogenannten Endblitz wie in Abb. 7.5.

Wie bereits erwähnt, kann ihre Helligkeit noch beträchtlich größer sein. Es sind schon Feuerkugeln bei Tageslicht deutlich beobachtet worden. Häufig kommt es vor, daß der betreffende größere Meteoroid in der Atmosphäre explodiert und die Bruchstücke eigene Meteorbahnen erzeugen. Feuerkugeln erlöschen auch erst viel tiefer in der Atmosphäre als schwächere Meteore, nämlich in 20–50 km Höhe. Einen merkwürdigen visuellen Effekt rufen solche lang leuchtenden Meteore hervor, wenn sie sich direkt auf den Beobachter zu bewegen. Sie scheinen dann nämlich am Himmel nahezu still zu stehen, weil man direkt in Richtung ihrer Flug-

7.4 Tauriden-Feuerkugel der Helligkeit -8^m. Da der Verschluß der Kamera in diesem Fall 74 Minuten geöffnet war, bevor der Meteor registriert wurde, sind die Sterne aufgrund der Erddrehung zu Kreisbögen ausgezogen. Vor dem Verschluß befand sich eine rotierende Blende, die die Meteorspur in Stücke „zerhackte". Man kann auf diese Weise aus der Länge der Stücke, die durch die Rotationsrate der Blende gegeben ist, die Geschwindigkeit des Meteors bestimmen. Die Punkte geben die Bahn eines künstlichen Satelliten wieder. (Foto: J. Rendtel, Potsdam)

bahn schaut. Viele sogenannte UFO-Beobachtungen wurden nachträglich als Feuerkugeln identifiziert.

Je nach Beschaffenheit des Meteoroiden kann das verdampfende Material auch eine Rauchspur bilden, die besonders gut am Tage oder in der Dämmerung zu beobachten ist. Sie kann mehrere Minuten lang sichtbar sein, wird allerdings im Laufe der Zeit durch Winde deformiert. Abb. 7.6 zeigt eine solche Meteorspur.

Am 14. November 1985 wurde in Hohenlangenbeck (Sachsen-Anhalt) nach einer Feuerkugelbeobachtung mit Vollmondhelligkeit ein 43 g schwerer Meteorit gefunden.

In seltenen Fällen gelingt es, die Bahn einer Feuerkugel bis zum Erdboden zu verfolgen und den entsprechenden Meteoriten zu finden. Ein Beobachter in der Nähe des Aufschlagspunkts hört bei großen Meteoriten

7.5 Perseiden-Feuerkugel mit einer Helligkeit von etwa -6^m. Der Endblitz ist typisch für Perseiden-Feuerkugeln und weist auf ein locker gepacktes Kometenmaterial hin (Komet Swift-Tuttle, siehe Tabelle). (Foto: F. Wächter, Dresden)

so etwas wie einen Donner oder einen Explosionsknall. Dieses Geräusch rührt nicht etwa vom Aufschlag her, sondern ist ein Überschallknall. Er entsteht durch die Druckwelle des mit Überschallgeschwindigkeit fliegenden Meteoriten, ähnlich wie bei einem Düsenjäger. Die Anfangsgeschwindigkeit eines Meteoriten von 11–72 km/s entspricht einer 30- bis 220-fachen Schallgeschwindigkeit. Trotz der starken Abbremsung in der Atmosphäre haben daher Meteoriten, die mehr als 1 Tonne wiegen, noch Überschallgeschwindigkeit, bevor sie auf die Erde aufprallen. Bei kleineren Meteoriten liegt die Aufprallgeschwindigkeit bei etwa 200 km/h.

Solche vom Himmel fallenden Steine haben die Menschen von jeher fasziniert, und sie sind oft zu „heiligen"

7.6 Von der Sonne beleuchtete Rauchspur einer Feuerkugel in der Dämmerung. Fotografiert am 7. Oktober 1982 am Amur-Fluß, Sibirien. (Foto zur Verfügung gestellt von A. Terentjeva, Moskau)

Objekten geworden. So ist der „schwarze Stein" in der Kaaba in Mekka ein Meteorit, wie auch der berühmte Stein von Ensisheim im Elsaß, der am 16. November 1492 mit großem Getöse auf einem Acker vor dem Dorf einschlug (Abb. 7.7) und noch heute in der dortigen Kirche aufbewahrt wird. Während dieser Stein nur 127 kg wiegt, ist der größte bisher aufgefundene Meteorit von Hoba/Namibia 55 t schwer. Die Gesamtmasse aller pro Tag auf die Erde auftreffenden Meteoriten schätzt man im übrigen auf 500–1000 t.

Auch in jüngster Zeit wurden immer wieder sehr helle Feuerkugeln beobachtet, wie z. B. am 1. Februar 1994 um 22:38 Weltzeit über dem westlichen Pazifik (südöstlich der Marshall-Inseln). Die Feuerkugel wurde von

7.7 Zeitgenössische Darstellung des Meteoritenfalls von Ensisheim auf einem Flugblatt von Sebastian Brant. (Flugblattsammlung des Seminars für Volkskunde, Universität Göttingen)

Angeblich wurde in dieser Nacht der amerikanische Präsident geweckt, weil die Militärs die Feuerkugel zunächst für eine Nuklearexplosion gehalten hatten.

Fischern gesehen und auch von amerikanischen Satelliten, die darauf spezialisiert sind, Kernwaffenexplosionen in der Atmosphäre zu registrieren. Die Feuerkugel war vom Boden aus 4–5 Sekunden sichtbar und endete in einem Explosionsblitz mit einer Helligkeit von -25^{m}, also etwa 1/6 der Sonnenhelligkeit. Beim Verglühen des Meteoroiden entstand eine Rauchspur, die fast eine Stunde lang sichtbar war. Berechnungen ergaben, daß der Durchmesser des Meteoroiden zwischen 10 und 15 m und seine Masse zwischen 1000 und 4000 t gelegen haben muß.

Dennoch sind helle Feuerkugeln selten: Auf etwa 400 sichtbare Meteore kommt statistisch gesehen eine Feuerkugel der Helligkeit -4^{m} (so hell wie die Venus), auf 80000 eine mit der Helligkeit des Vollmondes (-12^{m}).

Große Meteoroide

Die Energie, die beim Aufprall sehr großer Meteoroide frei wird, ist so riesig, daß selbst Wasserstoffbomben dagegen harmlos erscheinen. Bei dem berühmten Ereignis von Tunguska, einem Fluß in Sibirien, wurden im Jahre 1908 im Umkreis von 60 km Bäume durch die Druckwelle abgeholzt, und die durch die Explosion hervorgerufene Erdbebenwelle wurde noch im fernen England registriert. Den Meteoriten selbst hat man übrigens nie gefunden. Früher meinte man, er stecke tief im Permafrostboden, der durch die Hitze des Einschlags auftaute, während man heute annimmt, daß er in ca. 10 km Höhe explosionsartig verdampft ist. Aus der Verwüstung, die er angerichtet hat, schätzen die Wissenschaftler, daß er einen Durchmesser von einigen 100 m gehabt haben muß. Große, noch heute sichtbare Einschlagkrater auf der Erde zeugen von prähistorischen Katastrophen: Vor ca. 50 000 Jahren entstand der berühmte Krater in Arizona mit 1200 m Durchmesser; noch früher, vor ca. 15 Millionen Jahren, das Nördlinger Ries, ein Krater mit etwa 25 km Durchmesser. Von diesem Krater, in dessen Mitte die Stadt Nördlingen (Württemberg) liegt, ist heute allerdings nur noch ein Teil des Randes zu sehen.

Der Tunguska-Meteor soll angeblich so hell wie die Sonne geleuchtet haben.

Aufgrund ihrer speziellen Form können die Wissenschaftler solche Einschlagkrater sehr deutlich von Vulkankratern unterscheiden.

Nach einer heute vielfach anerkannten These der amerikanischen Wissenschaftler *Walter Alvarez* und *Frank Asaro* hat auch das Aussterben der Dinosaurier eine kosmische Ursache: Vor ca. 65 Millionen Jahren soll ein Asteroid von etwa 10 km Durchmesser mit der Erde zusammengestoßen sein. Die Kollision hatte Umweltkatastrophen unvorstellbaren Ausmaßes zur Folge: Flutwellen, Orkane und Feuersbrünste. Es wurde soviel Staub und Rauch in die Atmosphäre geschleudert, daß für mehrere Jahre nur ein kleiner Bruchteil der normalen Sonnenstrahlung zum Erdboden durchdringen konnte. Die Folge war ein weltweiter, langanhaltender „Winter", in dem viele höhere Tierarten (nicht nur Dinosaurier) erfroren oder verhungerten, denn auch die Pflanzen konnten wegen des fehlenden Sonnenlichts nicht wachsen. Die Theorie der beiden Amerikaner stützt sich im wesentlichen auf eine dünne Schicht mit hohem Iridi-

Nach Berechnungen wurde dabei eine Energie freigesetzt, die 1,5 Milliarden Atombomben vom Hiroshima-Typ entsprach!

umgehalt, die an vielen Stellen der Erde in 65 Millionen Jahre alten Sedimenten gefunden wurde. Das Metall Iridium ist in irdischen Gesteinen sehr selten, in Meteoritenmaterial dagegen bis zu 1000mal häufiger, daher liegt eine außerirdische Herkunft nahe. Im Jahre 1993 hat man auch die Überreste eines Kraters mit einem Durchmesser von etwa 200 km gefunden, der zu dieser Katastrophe passen würde. Er liegt im Golf von Mexiko, westlich der Halbinsel Yukatan.

Beobachtungshinweise

Möglichst dunkle Gegend abseits von starken Lichtquellen aufsuchen!

Die Wahrscheinlichkeit, daß man von einem Meteoriten getroffen wird, ist sehr klein. Wissenschaftler schätzen, daß im Mittel alle 180 Jahre ein Mensch (von ca. 5 Milliarden!) auf diese ungewöhnliche Weise zu Schaden kommt. Man kann sich also unbesorgt in den Nächten, in denen Meteorschauer zu erwarten sind, zur Beobachtung ins Freie setzen und das Schauspiel am Himmel genießen. Eine selbstleuchtende Sternkarte (siehe Kapitel X) erleichtert das Auffinden des betreffenden Sternbilds. Noch ein Tip zur Beobachtung: In den frühen Morgenstunden kann man generell häufiger Meteore beobachten als am Abendhimmel. Das Zusammenspiel von Erddrehung und Erdbewegung um die Sonne ist dann nämlich derart, daß man in „Fahrtrichtung" der Erde schaut. Dabei stößt die Erde häufiger mit Meteoroiden zusammen als abends, wenn man nach „hinten" schaut. Das ist genau der gleiche Effekt, den man bei einer Autofahrt durch den Regen beobachtet: Die Frontscheibe wird häufiger von Tropfen getroffen als die Heckscheibe.

Zum Fotografieren von Meteoren benötigt man eine Kamera, die es gestattet, den Verschluß minutenlang offen zu halten (z. B. mit einem feststellbaren Drahtauslöser). Sie sollte auf ein stabiles Stativ montiert sein, um ein Verwackeln zu vermeiden. Als Filmmaterial eignet sich normaler Film zwischen 21- und 27-DIN.

Wurde tatsächlich ein außergewöhnlich heller Meteor beobachtet, ist eine Mitteilung an eine Sternwarte oder eine Beobachtervereinigung angebracht (Anschriften siehe Kapitel X). Sie sollte Datum, Uhrzeit, geschätzte Helligkeit, Flugrichtung sowie die Sichtbedingungen (z. B. partielle Wolkenbedeckung) enthalten.

Zodiakallicht

Zum Schluß dieses Kapitels sei noch ganz kurz eine Leuchterscheinung erwähnt, die auch mit der interplanetaren Materie zusammenhängt: das Zodiakallicht. Die vielen kleinen Körner des interplanetaren Staubes reflektieren einen winzigen Teil des Sonnenlichts. Daher kann man auf einem kurzen Stück längs der Bahn, auf der die Sonne gerade untergegangen ist (oder bald aufgehen wird), bei sehr klarem Himmel ein schwaches Leuchten beobachten. Das Zodiakallicht wird in diesem Buch nicht weiter behandelt, weil es keine atmosphärische Leuchterscheinung ist, sondern aus dem interplanetaren Raum stammt.

VIII. Leuchtende Nachtwolken

Erste Beobachtungen

Wer schon einmal im Sommer im nördlichen Deutschland oder in Skandinavien ein bis zwei Stunden nach Sonnenuntergang silberne, dünne Wolkenschleier am Himmel beobachtet hat, der hat möglicherweise sogenannte „leuchtende Nachtwolken" gesehen. Man kann sie gut von normalen Wolken unterscheiden, die sich dunkel von dem noch hellen Abendhimmel abheben. Die leuchtenden Nachtwolken dagegen erscheinen hell gegen den dunklen Nachthimmel (vgl. Abb. 8.3 und 8.5). Ein Beobachter ist immer beeindruckt von dieser Erscheinung und hat sofort das Gefühl, etwas Besonderes zu sehen.

Die Wellenstrukturen, die leuchtende Nachtwolken häufig aufweisen, erinnern an Dünung im Meer.

Himmelsbeobachter haben diese Leuchterscheinung sicher schon in sehr frühen Zeiten wahrgenommen. Es gibt aber vor dem Ende des vorigen Jahrhunderts keine Beschreibung, die sich eindeutig auf leuchtende Nachtwolken bezieht. Oft haben die früheren Beobachter wahrscheinlich Polarlicht gesehen, das ja auch in nördlichen Breiten häufig ist (siehe Kapitel IX).

Erst in den Jahren ab 1885 wurden wissenschaftliche Beobachtungen veröffentlicht, die eindeutig leuchtende Nachtwolken beschreiben. Daß die Berichte in diesen Jahren besonders häufig waren, wurde schon damals mit dem Ausbruch des Vulkans Krakatau in Zusammenhang gebracht, der am 26. August 1883 ein großes Stück der gleichnamigen indonesischen Insel in die Luft schleuderte.

In Deutschland haben sich damals besonders die beiden Astronomen *Otto Jesse* und *Wilhelm Förster* von der Berliner Sternwarte Verdienste um die Erforschung der leuchtenden Nachtwolken erworben; ihnen gelangen auch die ersten Fotos. Sie konnten daraus mit Hilfe der Triangulation (siehe Kapitel VII) die Höhe dieser Wolken bestimmen. Das Ergebnis von 82 km – das übrigens auch heute noch gültig ist – erstaunte die Forscher, denn man hatte damals eine Entstehung von Wolken in diesen großen Höhen für unmöglich gehalten. Sie wurden sofort als etwas Besonderes von den normalen Wolken abgegrenzt, die ja alle im Bereich der Troposphäre (siehe Kapitel VI) liegen.

Es sind die höchstgelegenen Wolken auf unserem Planeten.

Die Leuchterscheinung

Man erkannte damals auch, daß diese Wolken nicht selbst leuchten, sondern von der Sonne angestrahlt werden. Das Prinzip ist in Abb. 8.1 verdeutlicht. Die Sonne liegt für den Beobachter B schon unter dem Horizont (etwa 6°–12°). Ihre Strahlen erreichen ihn nicht mehr, wohl aber noch die Wolken in einer Höhe von etwa 82 km.

Beim Vergleich weltweiter Beobachtungen stellte man fest, daß die leuchtenden Nachtwolken lediglich in einem Bereich zwischen etwa 50° und 65° nördlicher und südlicher geographischer Breite beobachtbar sind. Abb. 8.2 zeigt diese Bereiche auf einer Weltkarte. Daß man die leuchtenden Nachtwolken noch weiter zu den Polen hin nicht mehr sehen kann, liegt an der Mitternachtssonne. Der Himmel bleibt im polaren Sommer 24 Stunden lang hell, so daß sich die Wolken nicht gegen

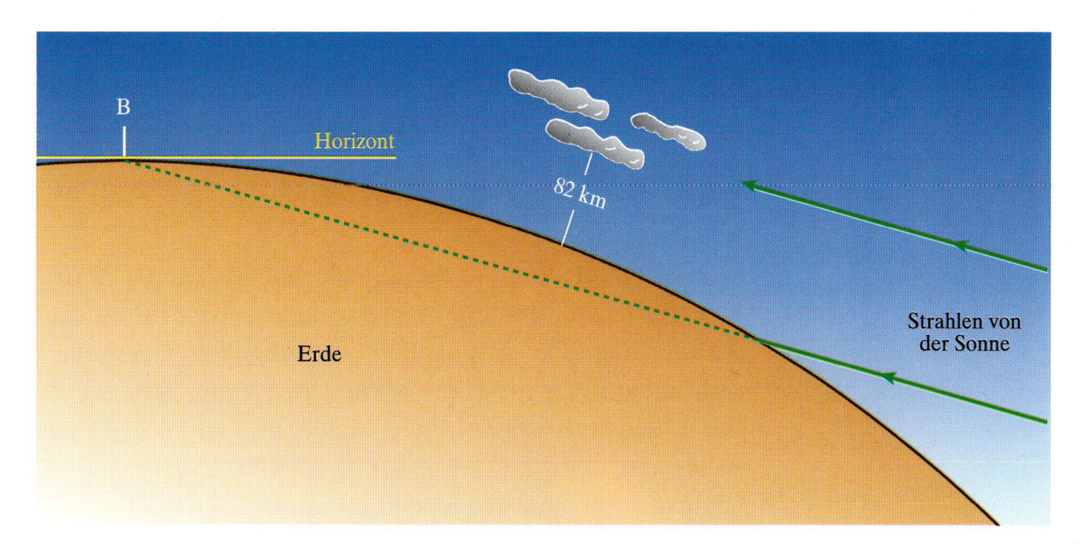

8.1 Die Erscheinung der leuchtenden Nachtwolken.

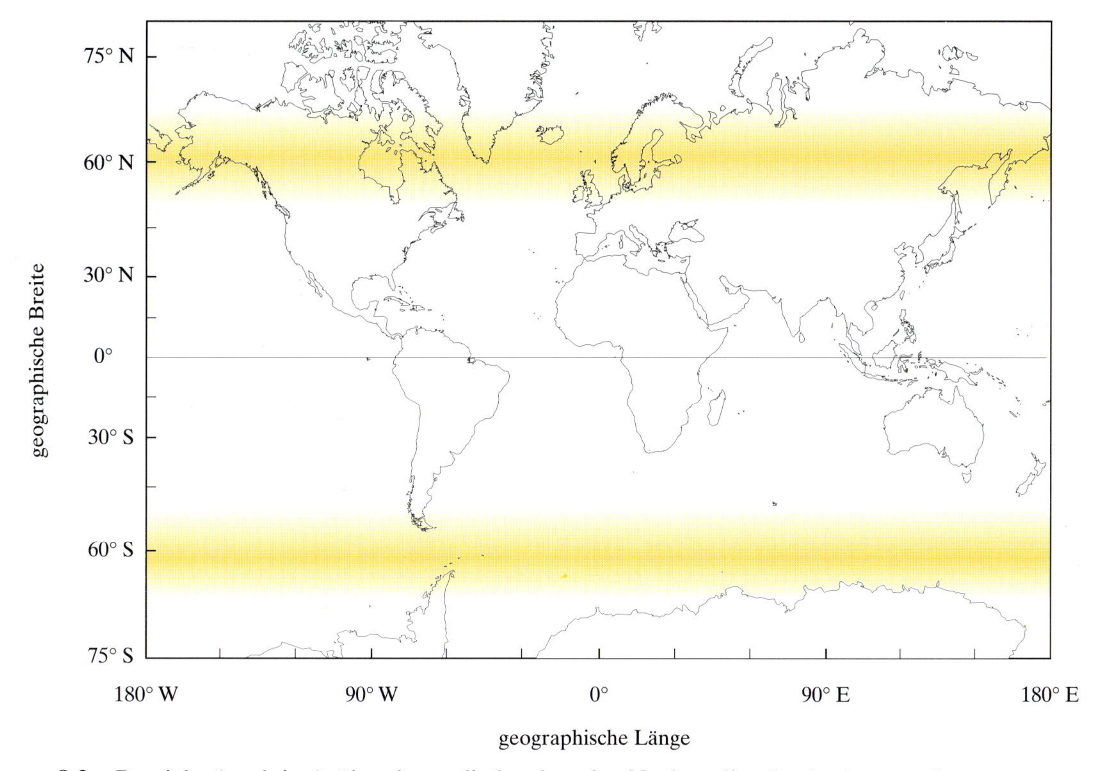

8.2 Bereiche (punktiert), über denen die leuchtenden Nachtwolken beobachtet werden.

ihn abheben. Doch warum treten keine leuchtenden Nachtwolken weiter zum Äquator hin auf? Vor der Antwort auf diese Frage, die mit dem Entstehungsmechanismus zusammenhängt, soll noch näher auf die Farbe und Form der leuchtenden Nachtwolken eingegangen werden.

Die Sonnenstrahlen, die auf die hochgelegenen Wolken treffen, haben bereits einen langen Weg durch die darunterliegende Atmosphäre zurückgelegt, wie man sich anhand der Abb. 8.1 klarmachen kann. Besonders die in der Stratosphäre liegende Ozonschicht absorbiert dabei einen großen Anteil des gelben und rötlichen Lichts, so daß überwiegend bläuliches Licht auf die Wolken fällt. Sie erscheinen daher geisterhaft blaß-bläulich oder silbern, wie die Aufnahme in Abb. 8.3 zeigt.

Die Form der Wolken ist sehr vielfältig. Das Beobachtungsbuch der WMO (Welt-Meteorologie-Organisation) nennt fünf Typen: Schleier, Bänder, Wogen, Ringe und strukturlose, diffuse Gebilde. Oft sind die Wolken so dünn, daß helle Sterne hindurchscheinen. Die wellenförmigen Strukturen, die oft eingelagert sind (siehe Abb. 8.3), spiegeln Wellenbewegungen in der hohen Atmosphäre wider, sogenannte Schwerewellen. Sie sind vergleichbar mit Wasserwellen und weisen Wellenlängen von einigen Kilometern bis zu mehr als 100 km auf. Sie treten in der gesamten Atmosphäre auf, von der Troposphäre bis hinauf zur Thermosphäre. Nur im schmalen Höhenbereich der leuchtenden Nachtwolken werden sie auf natürliche Weise sichtbar, in den anderen Schichten kann man sie z. B. mit Radargeräten nachweisen. Sie spielen eine wichtige Rolle für den Energietransport in der Atmosphäre.

Der Name der Schwerewellen rührt von der Schwerkraft her, die bei ihrer Anregung eine entscheidende Rolle spielt.

8.3 Leuchtende Nachtwolken über Südfinnland. (Foto: P. Parviainen, Turku)

Entstehungsmechanismus

Aus der Ähnlichkeit der leuchtenden Nachtwolken mit Cirruswolken schlossen die Forscher schon frühzeitig, daß auch jene aus Eispartikeln gebildet werden. Raketenmessungen in den sechziger Jahren, bei denen Bestandteile der Wolken eingesammelt und untersucht wurden, haben das im wesentlichen bestätigt. Lange blieb jedoch unverständlich, wie diese Eiskristalle in den großen Höhen gebildet werden können.

Genau genommen bestehen diese Teilchen nur außen aus Eis, innen haben sie einen festen Kern.

Der heutige wissenschaftliche Kenntnisstand läßt sich vereinfacht wie folgt beschreiben: Die Höhe, in der die leuchtenden Nachtwolken entstehen, liegt im Bereich der Mesopause. Wie in Kapitel VI erwähnt, ist das der kälteste Bereich der Erdatmosphäre. Gleichzeitig sind dort nur minimale Wasserdampfmengen vorhanden, aber die äußerst niedrigen Temperaturen reichen aus, um diesen Wasserdampf zu Eiskristallen gefrieren zu lassen. Zur Kristallbildung müssen sogenannte Kristallisationskerne vorhanden sein, an denen sich die Wassermoleküle anlagern. Man vermutet, daß feinste Staubkörnchen mit Durchmessern von 0,1 bis 1 µm diesen Zweck erfüllen. Dieser Staub kann einerseits von Meteoriten herrühren, andererseits aber auch von Vulkanausbrüchen in große Höhen geschleudert worden sein. Tatsächlich legt die bereits erwähnte Häufigkeit von leuchtenden Nachtwolken nach der Krakatau-Explosion und nach anderen Vulkanausbrüchen diese Erklärung nahe. Es kann aber auch sein, daß durch die Vulkanausbrüche größere Mengen Wasserdampf in die hohe Atmosphäre gelangen und dadurch die Wolkenbildung begünstigt wird. – Es soll betont werden, daß die Entstehung der Wolken bis heute noch nicht in allen Einzelheiten geklärt ist.

Etwas besser verstehen die Wissenschaftler die jahreszeitliche Verteilung der leuchtenden Nachtwolken. Abb. 8.4 zeigt eine Verteilung von Beobachtungen aus dem nördlichen Deutschland, aus der hervorgeht, daß die leuchtenden Nachtwolken nur im Sommer auftreten. Raketenmessungen haben gezeigt, daß die Temperaturen der Mesopause in polaren Breiten im Sommer besonders niedrig liegen. Werte bis herunter zu –150°C wurden gemessen. In diesen Höhen liegen also genau umgekehrte Verhältnisse wie am Erdboden vor: Im Sommer ist es kälter als im Winter. Das hängt mit der atmosphärischen Zirkulation zusammen, die im Sommer die immer noch recht kalte Luft über den Polen nach oben treibt, wobei sie sich noch weiter abkühlt. Im Sommer sind daher die Bedingungen für die Entstehung von Eiskristallen im Mesopausenbereich besonders günstig.

Luft, die nach oben steigt, kühlt sich immer ab, weil der Luftdruck mit zunehmender Höhe abnimmt, die Luft also expandiert.

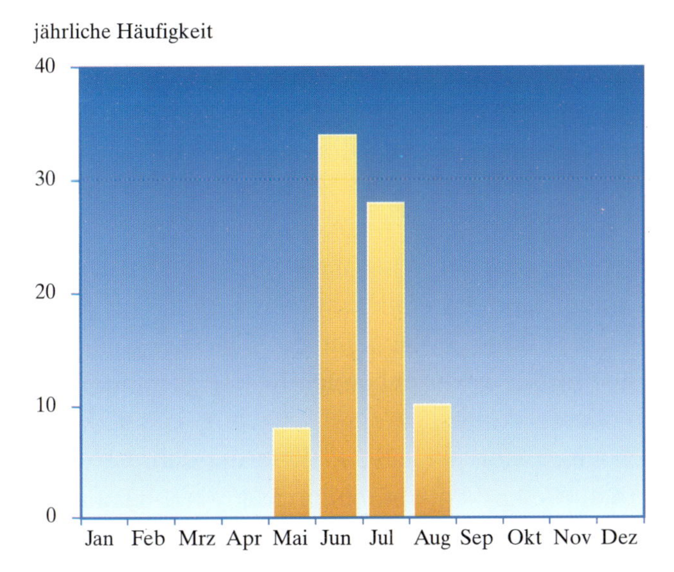

8.4 Häufigkeit von leuchtenden Nachtwolken über Norddeutschland, aufgetragen über den Monaten des Jahres. Diese Verteilung ist im Prinzip auch für den Sommer auf der Südhalbkugel gültig. Die leuchtenden Nachtwolken treten dort dementsprechend in den Monaten November bis Februar auf. (nach W. Schröder, Bremen)

Die Wolken entstehen also in polaren Breiten und ziehen von dort in Richtung Äquator. Man hat die Bewegung der Wolken bereits mit Hilfe von aufeinanderfolgenden Fotos in den achtziger Jahren des vorigen Jahrhunderts studiert. Die Bewegung der Wolken, die die Windgeschwindigkeit in diesem Höhenbereich widerspiegelt, liegt meist zwischen 30 und 120 m/s. Je weiter die Wolken in Richtung Äquator gelangen, in desto wärmere Mesopausengebiete kommen sie, was eine langsame Auflösung der Eiskristalle und damit ein Verschwinden der Wolken zur Folge hat. Das ist der Grund für die Begrenzung des Vorkommens leuchtender Nachtwolken zum Äquator hin, die aus Abb. 8.2 hervorgeht. Damit ist die im vorigen Abschnitt gestellte Frage beantwortet, weshalb die Wolken nicht in der Nähe des Äquators auftreten.

Auch heute noch benutzen die Atmosphärenforscher die leuchtenden Nachtwolken zur Windmessung in der Mesosphäre. Man fotografiert die Wolken von verschiedenen Standpunkten aus, die etwa 50–100 km auseinanderliegen müssen. Aus der zeitlichen Abfolge der Bilder und dem sorgfältigen Ausmessen der Wolkenstrukturen läßt sich damit der Wind nach Stärke und Richtung bestimmen, denn die Wolken werden ja von dem dort herrschenden Wind mitgenommen. Da die Kenntnis der Winde im Mesopausenbereich für die gesamte Dynamik der oberen Atmosphäre sehr wichtig ist, erzeugt man auch künstliche Wolken, z. B. in der Jahreszeit, in der die natürlichen Wolken fehlen. Man setzt dazu mit Hilfe einer Rakete im Mesopausenbereich geringe Mengen Trimethylaluminium frei, das eine selbstleuchtende Wolke bildet, die dann wiederum vom dort vorherrschenden Wind mitgenommen wird und vom Boden aus beobachtet werden kann.

Durch Vermessen kleiner Wolkenstrukturen lassen sich sogar Turbulenzeffekte studieren. Solche Turbulenzen entstehen z. B. dann, wenn Schwerewellen brechen wie Wasserwellen am Strand.

Beobachtungshinweise

Aus den Abb. 8.2 und 8.4 ergeben sich bereits die günstigsten Beobachtungsorte und -zeiten. Hinsichtlich der geographischen Breite liegt der günstigste Standort bei etwa 57°, in Europa also im nördlichen Dänemark oder in Südschweden. Langjährige Beobachtungsreihen zeigen, daß in den Monaten Mai, Juni und Juli etwa in jeder fünften Nacht leuchtende Nachtwolken auftreten. Nicht jede dieser Nächte ist jedoch frei von Wolken in der Troposphäre, die ja die Sicht auf die darüberliegenden leuchtenden Nachtwolken versperren können (vgl. auch Abb. 8.5). Berücksichtigt man diesen meteorologischen Faktor, so kommt man in Deutschland auf eine mittlere Beobachtungshäufigkeit von etwa 10–12 Ereignissen pro Jahr.

8.5 Leuchtende Nachtwolken, fotografiert vom Flughafen Hannover aus (rote Landebahnbefeuerung). Die Aufnahme entstand am 2. Juli 1987 zu einer Zeit, als die Sonne etwa 14° unter dem Horizont stand. Aus dem Erhebungswinkel, unter dem die Wolken erscheinen, kann man bei einer angenommenen Höhe von 82 km berechnen, daß die Wolken etwa über der Ostseeinsel Bornholm standen. Man sieht auf dieser Aufnahme auch dunkle, d. h. normale Wolken aus der Troposphäre, die die leuchtenden Nachtwolken zum Teil abdecken. (Foto: H. Kerner, Hannover)

Für Aufnahmen ist fast jede Kamera geeignet. Bei Blende 2,8 und einem 200-ASA-Farbfilm liegen die Belichtungszeiten zwischen etwa 5 und 20 Sekunden.

Weitwinkelobjektive sind günstig für Aufnahmen von leuchtenden Nachtwolken.

Wegen der relativen Seltenheit der Ereignisse basieren die mehrfach erwähnten Beobachtungsreihen zum großen Teil auf Amateurbeobachtungen. Entsprechende Berichte werden von verschiedenen Organisationen gesammelt und der wissenschaftlichen Auswertung zugänglich gemacht. Hier kann also jeder interessierte Amateur seinen Beitrag leisten. Anschriften sind im Kapitel X abgedruckt.

IX. Polarlicht

Historisches

> „Ein groß vn sehr erschröcklichs Wunderzeychen so man im Jar 1580, den 10. September in der Keyserlichen Reichstatt Augspurg nach vndergang der Sonnen an dem Himel gar eygentlich gesehen hat.“

So beschreibt im Jahre 1580 ein Flugblatt – die damalige Form der Zeitung – ein Polarlicht (Abb. 9.1). Da diese Leuchterscheinung in unserer Gegend selten ist, löste sie Furcht und Schrecken aus und veranlaßte die Herausgabe eines Extrablatts.

Aber bereits viel früher hat das Polarlicht die Menschen beschäftigt; in den Sagen und Mythen besonders der Nordlandbewohner spielte es schon immer eine große Rolle. Als älteste Beschreibung eines Polarlichts wird oft eine Stelle aus dem Alten Testament, dem Buch *Ezechiel* (1. Kapitel, Vers 4ff), zitiert:

Die Waberlohe, die das Schloß der Brunhilde einhüllt (nord. Heldensagen), läßt sich als Polarlicht interpretieren.

> „Ich schaute, und siehe, ein Sturmwind kam von Norden und eine große Wolke, rings von Lichtglanz umgeben, und loderndes Feuer, und aus seinem Innern, aus der Mitte des Feuers, leuchtete es hervor wie Glanzerz …“

Was der Verfasser dieses Buches, das etwa 580 v. Chr. entstand, den Propheten Ezechiel hier schildern läßt, könnte durchaus ein Polarlicht gewesen sein.

Ein groß vñ sehr erschröcklichs Wunderzeychen/ so man im Jar 1580. den 10. September/ in der Keyserliche Reichstatt Augspurg/ nach vndergang der Sonnen/ an dem Himel/ gar eygentlich gesehen hat.

Christus spricht an dem Himel werden
Zeychen geschehen: vnd auff Erden/
Wirde den Leüten angst vnd bang kleglich
Sein/ das sie in der not vntreglich/
Nicht wissen wa hinauß/ ich sag:
Jetz geht es alső alle tag.

IR Christen secht an offenbarlich
Das erschröcklich Zeychen gefarlich/
Des sich zu nacht hat sehen lassen
Zu der zeyt/ wie ich aller massen/
Oben vermeldet hab sehr richtig
Nun gebt acht auff die vmbstend wichtig/
Des Zeychens die ich euch gar schnell
Anzeyg: nun wißt das anfangs hell
Vom Auffgang ein schein thet außdringen
Das Himmel, vnd Erd in den dingen/
Durch leüchtet ward vnd glantzet mächtig
Der gstalt als ob der Mon gar prächtig/
Thete scheinen lieblich vnd fein
Gleich wol es aber nit kundt sein/
Der natur halb/ auch seiner art:
Dieweyl er erst zwen tag alt wardt/
Darumb was es ein wunder sehr
In dem thet sich begeben sehr/
Das von dem vndergang her schoß
Ein Röte/ als ob etwan groß/
Wer auffgangen ein fewr so spät
Vnd in die höch auff scheinen thet/
Oder aber als ob darneben
Der Himmel wolt fewrflammen geben/
Vnd alles verbrennen zu mal
Darzu so schossen weisse stral/
An dem Himel her vnde hin
Man sah auch mit trawrigem sin/
Von weissen strallen mit gewalt
Geleich wie ein flügel gestalt/
Auch schwartze wolcken dick vnd wilde
Darübert gehn also gebildt/
Wie allhie Abconterfet ist
Das weret als sey euch bewißt/
Ohn gefarlich anderhalb stund
Aber darneben merckt yetzundt/
Das man den glantz die liechte sach
Biß schier der liebe tag anbrach/
Die deütung zum thail allbereyt
Möcht anzeygen der Welt boßheyt/
Nemlich: das jr Gott trew vnd gůt
Ins fenster hat gesteckt die růt/
Damit er sie wöll mit gewalt
Auß tilgen sampt den Menschen baldt/
Die jr anhangen tag vnd nacht
Durch sterben/ hunger/ krieg mit macht/
Dann die boßheyt vnd der Welt Sünd
Ist so groß das sie wie ich find/
Weltliche pein/ vnd straff der massen
Sich gar nit züchtigen will lassen/
Aber das recht Vrtheyl wir wöllen
Der Götlichen Weyßheit heymstellen/
Der es zu dem besten kan wissen
Aber geleich wol sein geflissen/
Gott zu bitten das er gar gütig
Vnsere Sünd vergeb sanfftmütig/
Vnd wend ab alle straff vnd pein/
Bitten alle Christen gemein.

¶ Zů Augspurg/ bey Bartholme Käppeler Brieffmaler/ im kleinen Sachssen geßlin.

9.1 Zeitgenössische Polarlichtdarstellung auf einem Flugblatt aus dem 16. Jahrhundert. (Foto zur Verfügung gestellt von der Zentralbibliothek Zürich)

Auch aus China und Japan gibt es schon Beschreibungen, die über 2000 Jahre zurückgehen. Griechische und römische Gelehrte wie *Aristoteles* und *Seneca* haben sich ebenfalls mit dem Polarlicht beschäftigt, wenn es auch im Mittelmeerraum äußerst selten auftritt, wie noch erläutert wird.

Diese antiken Autoren bezeichneten das Polarlicht mit dem griechischen Wort „Chasma" = Spalte, Öffnung. Sie dachten also offenbar an eine Öffnung im Himmel.

Das ganze Mittelalter hindurch bis hinein in die Neuzeit wurden Polarlichterscheinungen lediglich beschrieben, ohne wissenschaftliche Erklärungsversuche zu unternehmen. Gedeutet wurden sie häufig als Zeichen Gottes, das die Menschen zur Buße ermahnen sollte und Gottes Strafgericht ankündigte (vgl. Text der Flugschrift, Abb. 9.1), oder es wurde genau wie Kometen und andere seltene Himmelserscheinungen als Vorbote von Unheil und Krieg gesehen.

Die ersten wissenschaftlichen Deutungsversuche begannen im 18. Jahrhundert. Der englische Astronom *Edmond Halley* war wohl der erste, der nach einem spektakulären Polarlicht am 17. März 1716 einen Zusammenhang zwischen Polarlicht und Erdmagnetfeld vermutete. Dieses Polarlicht ging übrigens in die Wissenschaftsgeschichte ein, weil es in weiten Teilen Europas und auch in Nordamerika sichtbar war. Viele Gelehrte der damaligen Zeit haben darüber geschrieben und Spekulationen über seine Ursache angestellt. Im Jahre 1741 erkannten die beiden schwedischen Forscher *Anders Celsius* und sein Assistent *Olof Peter Hjorter* an der Bewegung einer Magnetnadel während eines Polarlichts, daß es mit Schwankungen des Magnetfeldes einhergeht und bestätigten damit die Vermutung Halleys. In den folgenden Jahrzehnten entwickelten sich erdmagnetische Beobachtungen zu einem bedeutenden Wissenschaftszweig; besonders *Alexander von Humboldt* und *Carl Friedrich Gauß* sind hier zu nennen.

Nach ihm ist der berühmte Halleysche Komet benannt.

In Halle hielt der Naturkundeprofessor Christian Wolf einen öffentlichen Vortrag über diese ungewöhnliche Leuchterscheinung, wobei er vermerkte, er hätte noch nie so viele Zuhörer gehabt.

Bei der eigentlichen Leuchterscheinung waren viele damalige Forscher davon ausgegangen, daß das Polarlicht an Wolken, Eiskristallen oder atmosphärischen Gasen reflektiertes Sonnenlicht sei. Erst im Jahre 1867 erkannte der schwedische Professor *Anders Jonas Ångström* aus der Spektralanalyse des Polarlichts, daß es von einem selbstleuchtenden Gas stammen muß und kein reflektiertes Sonnenlicht sein kann.

Bahnbrechend für die richtige Erklärung des Polarlichts waren auch die Laborversuche des Osloer Professors *Kristian Birkeland*. Um die Jahrhundertwende schoß er Elektronenstrahlen auf eine der Erde nachgebildete magnetische Kugel („Terella") und folgerte richtig aus seinen Ergebnissen, daß das Polarlicht durch Elektronen hervorgerufen wird, die von außen in die Erdatmosphäre eindringen. Seinem Schüler und Landsmann *Carl Störmer* gelang es mit gewaltigem Rechenaufwand, die Bahnen dieser Teilchen im Erdmagnetfeld richtig zu berechnen. In den sechziger Jahren unseres Jahrhunderts wurde dann mit Hilfe der ersten Raumsonden der von dem Deutschen *Ludwig Biermann* und dem Amerikaner *Eugene Parker* bereits theoretisch vorausgesagte Sonnenwind (s. u.) entdeckt. Damit hatte man schließlich im Prinzip die Herkunft der Teilchen erkannt.

Da Störmer noch kein Computer zur Verfügung stand, brauchte er fast 5 000 Stunden für seine Berechnungen.

Entstehung des Polarlichts

Die Ursachen des Polarlichts liegen auf der Sonne, wie schon im Jahre 1763 *Johann Heinrich Winkler*, Professor an der Universität Leipzig, richtig vermutete. Nach unserem heutigen Kenntnisstand spielt sich dabei folgendes ab:

Winkler hatte auch bei der Erklärung der Blitze bereits die richtige Idee (vgl. Kap.V).

Von der Sonne wird nicht nur Licht und Wärme, sondern auch der sogenannte Sonnenwind abgestrahlt. Es handelt sich dabei um einen Strom elektrisch geladener Teilchen, hauptsächlich Protonen (Wasserstoffionen) und Elektronen. Diese Teilchen strömen mit stark veränderlichen Geschwindigkeiten zwischen 300 und 800 km/s radial von der Sonne ab in den Weltraum. Für die Entfernung der 150 Millionen Kilometer bis zur Erde brauchen sie etwa 100 Stunden.

Der Teilchenfluß des Sonnenwinds ist gewaltig: Würde man ein Hindernis von 1 Quadratzentimeter Fläche etwa 50 000 km **vor** der Erde aufstellen, so würde dieses in einer Sekunde von mehr als 100 Millionen Teilchen getroffen. So weit von der Erde entfernt, spürt der Sonnenwind bereits den Erdeinfluß, bzw. genauer gesagt, den Einfluß des Magnetfelds der Erde (siehe Kasten auf Seite 140).

Wäre kein Sonnenwind vorhanden, so würden die Feldlinien des Erdmagnetfelds symmetrisch verlaufen, so wie in der Abbildung im Kasten angedeutet. Der Sonnenwind drückt jedoch den sonnenzugewandten Teil der Feldlinien zusammen, biegt die in Polnähe beginnenden Feldlinien nach hinten weg und bewirkt beim Vorbeiströmen an der Erde, daß die der Sonne abgewandten Feldlinien wie ein Schweif mehrere Millionen Kilometer in den Weltraum hinausgezogen werden (Abb. 9.2). Dieses ganze Gebilde aus Magnetfeldlinien, das die Erde umgibt, wird Magnetosphäre genannt, ein Fachausdruck, der 1959 von dem österreichischen Astrophysiker *Thomas Gold* geprägt wurde.

Golds Kollegen prophezeiten ihm, daß dieser Ausdruck sich nicht durchsetzen würde, weil das Gebilde ja nicht wie eine „Sphäre" (= Kugel) aussähe. Sie behielten Unrecht, der Terminus Magnetosphäre ist heute allgemein anerkannt.

Der Sonnenwind umströmt die Magnetosphäre wie Wasser ein Hindernis in einem Fluß. Bereits vor dem „Hindernis" Magnetosphäre wird der mit Überschall strömende Sonnenwind an der sogenannten Bugstoßwelle auf Unterschallgeschwindigkeit abgebremst. Bugstoßwelle deshalb, weil es sich um das gleiche Phänomen handelt wie der Überschallknall, der sich vor dem Bug eines mit Überschall fliegenden Flugkörpers bildet.

Genau wie der uns vertraute Luftwind weht der Sonnenwind nicht vollkommen stetig, sondern weist oft Windstöße und Böen auf, d. h. Schwankungen seiner

Das Magnetfeld der Erde

Wohlbekannt ist der Schulversuch mit dem Stabmagneten: Legt man ihn unter einen Karton und streut auf den Karton Eisenfeilspäne, so ordnen sich diese längs der Magnetfeldlinien an und bilden sie auf dem Karton ab. Da die Magnetfeldlinien zwei Pole miteinander verbinden, nennt man dieses Magnetfeld ein Dipolfeld bzw. den Stabmagneten einen magnetischen Dipol.
Auch das Erdmagnetfeld ist im wesentlichen ein Dipolfeld. Es entsteht durch Strömungsvorgänge im flüssigen Erdinnern, also nicht durch einen gigantischen Stabmagneten, der in der Erde steckt. Dennoch ist das Bild der Magnetfeldlinien denen eines Stabmagneten sehr ähnlich.

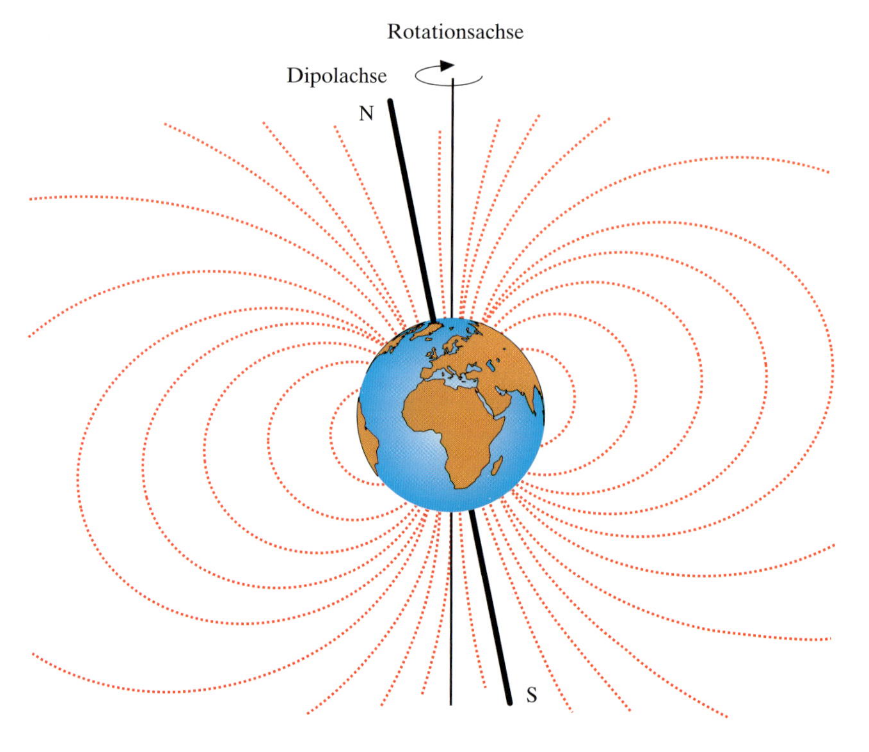

Die Dipolachse (N-S) fällt nicht mit der Rotationsachse der Erde zusammen. Während letztere durch den geographischen Nord- und Südpol geht, liegt der geomagnetische Nordpol (N) in Nordkanada nahe bei der Insel Ellesmereland und der geomagnetische Südpol (S) entsprechend in der Antarktis südlich von Australien.

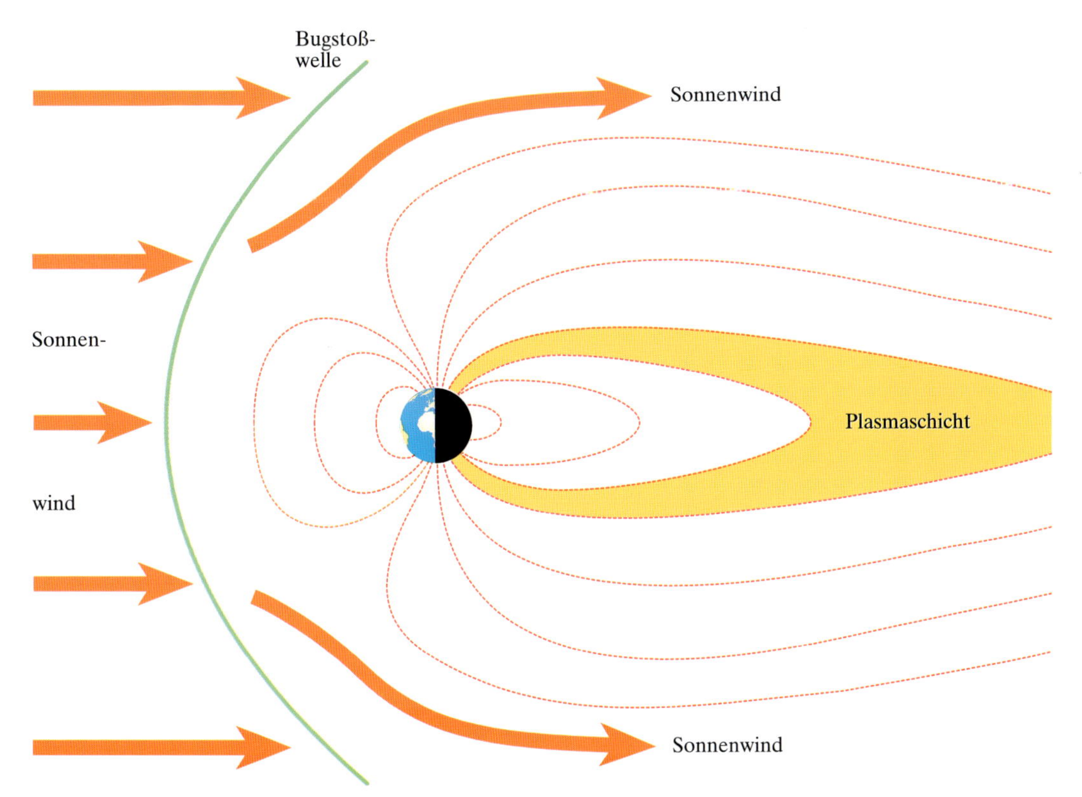

9.2 Die Magnetosphäre der Erde. Bei dieser Darstellung handelt es sich um einen Längsschnitt; der Querschnitt der Magnetosphäre ist etwa kreisförmig. Die Sonne hat man sich ganz weit links vorzustellen; die Nachtseite der Erde ist dementsprechend schwarz gezeichnet.

Richtung und Geschwindigkeit. Diese Schwankungen lassen den Magnetosphärenschweif buchstäblich wie eine riesige Windfahne im Weltraum flattern. Weiter unten wird darauf noch genauer eingegangen.

Festzustellen bleibt, daß die Sonnenwindteilchen nicht direkt quer zu den Magnetfeldlinien in den vorderen Teil der Magnetosphäre eindringen können. Beim Vorbeiströmen des Sonnenwinds am Schweif der Magnetosphäre können jedoch Sonnenwindteilchen dort hinten in die Magnetosphäre einsickern. Sie sammeln sich im zentralen Bereich des Schweifs, in der sogenannten Plasmaschicht. Dort werden sie von Magnetfeldern eingeschlossen und bilden ein Reservoir von Teilchen. Wie man aus der Abb. 9.2 entnehmen kann, ist diese Plasmaschicht durch Magnetfeldlinien mit polnahen Gebieten auf der Erde verbunden. Durch komplizierte elektrische Felder, die der an der Magnetosphäre vorbeiströmende Sonnenwind erzeugt, werden Elektronen aus der Plasmaschicht entlang der Magnetfeldlinien zur Erde hin beschleunigt. Sie dringen bei hohen geographischen Breiten (65°–75°) in die Atmosphäre ein (siehe auch Abb. 9.3) und regen sie zum Leuchten an.

Man spricht hier von Sonnenwind- Magnetosphären-Generator.

Die Lichtentstehung

Im Prinzip funktioniert die Lichterzeugung beim Polarlicht ganz ähnlich wie schon beim Blitz beschrieben. Die aus der Magnetosphäre in die Atmosphäre eindringenden schnellen Elektronen stoßen mit Luftbestandteilen zusammen und regen sie an, d. h. durch die Stoßenergie wird ein äußeres Elektron auf eine höhere Bahn gehoben. Beim Zurückfallen in den Grundzustand wird Licht ausgestrahlt (siehe Abb. 5.6, Kap. V). Bei den Luftbestandteilen handelt es sich um Atome, Moleküle und Ionen. Wie im Kapitel VI über den Aufbau der Erdatmosphäre beschrieben, kommen diese Luftbestandteile ja oberhalb von 100 km vor. Von der Art des Stoßpartners hängt auch hier die Farbe des abgestrahlten Lichts ab: Im sichtbaren Bereich emittieren Sauerstoffatome grünes Licht mit einer Wellenlänge von 557,7 nm und rotes Licht mit einer Wellenlänge von 630 nm; Stickstoffmoleküle emittieren überwiegend blaues und violettes Licht in einem relativ breiten Wellenlängenbereich. Außerhalb des sichtbaren Bereichs tritt auch infrarote und ultraviolette Strahlung auf. Das von den

Sauerstoffatomen abgestrahlte Licht ist am stärksten, deswegen herrscht bei Polarlicht häufig ein grüner oder roter Farbton vor (vgl. Abb. 9.7 und 9.8).

Die Zuordnung der 557,7 nm- und der 630 nm-Emissionen zu bekannten Atmosphärenbestandteilen bereitete den Spektroskopikern zunächst große Schwierigkeiten. Es handelt sich hier nämlich um sogenannte „verbotene" Emissionen, die bei normalem Luftdruck, wie er im Labor herrscht, nicht auftreten. Das hat folgenden Grund: Bei Normaldruck (1013 hpa) finden so häufig Stöße zwischen den Atomen und Molekülen statt, daß dem angeregten Teilchen überhaupt keine Zeit bleibt, Licht abzustrahlen. Das angeregte Teilchen verliert nämlich beim nächsten Stoß seine Anregungsenergie gleich wieder, die dann in Bewegungsenergie umgewandelt wird. Anders ist das in Höhen oberhalb von 100 km: Dort beträgt der Luftdruck nur noch weniger als ein Millionstel des Drucks am Erdboden, dementsprechend ist die Zeit zwischen zwei aufeinanderfolgenden Stößen mehr als eine Million mal größer. Die angeregten Atome oder Moleküle haben also genug Zeit, um ihre Anregungsenergie in Form von Licht abzustrahlen.

Die Zeit zwischen zwei Stößen ist kürzer als der Anregungszustand anhält.

Die stoßenden Elektronen müssen dabei nicht unbedingt die ursprünglich aus der Magnetosphäre einfallenden („primären") Teilchen sein. Es sind überwiegend sogenannte sekundäre Elektronen, die beim Zusammenprall der primären Teilchen aus den Stoßpartnern herausgeschlagen werden können, wobei Ionen entstehen (vgl. Kasten auf Seite 82). Da die primären Elektronen eine hohe Energie besitzen, kann ein Primärteilchen mehrere Sekundärteilchen erzeugen, bevor seine Energie nach mehreren Stößen verbraucht ist. Der Prozeß wird umso effektiver, je tiefer das primäre Elektron in die Atmosphäre eindringt, weil es dort aufgrund der höheren Luftdichte mehr Stoßpartner vorfindet.

Es entsteht also eine Art Teilchenlawine.

Die Stoßanregung, die zum Leuchten führt, passiert demnach in Höhen zwischen etwa 100 und 500 km.

Dabei erreicht das grüne Licht sein Intensitätsmaximum in einer Höhe von 120–140 km, das rote meist erst oberhalb von 200 km. Den Höhenbereich, aus dem das Polarlicht stammt, hat im übrigen bereits der englische Gelehrte *Henry Cavendish* im Jahre 1790 durch Triangulation (siehe Abb. 7.1, Kap. VII) herausgefunden.

Die geographische Verteilung des Polarlichts

Daß das Polarlicht überwiegend in hohen geographischen Breiten auftritt, wird aus der Abb. 9.2 sofort verständlich: Die Feldlinien, an denen sich die Elektronen auf ihrem Weg aus der Plasmaschicht entlangbewegen, beginnen in der Nähe der Pole.

Genau betrachtet ist es ein ringförmiges Gebiet, in das die Elektronen einfallen und das Polarlicht erzeugen. Im Laufe eines Tages dreht sich die Erde nämlich unter der Einfallszone weg, so daß immer andere Gebiete darunter zu liegen kommen. Diesen Sachverhalt veranschaulicht Abb. 9.3.

Die polwärtige Begrenzung des Rings kommt dadurch zustande, daß von einer bestimmten geographischen Breite ab die Feldlinien nicht mehr in die Plasmaschicht führen, sondern durch den Rand des Schweifs in den Weltraum hinaus, wie in Abb. 9.2 dargestellt. In die unmittelbare Umgebung der Pole können also normalerweise keine Teilchen aus der Plasmaschicht gelangen, dort tritt daher sehr selten Polarlicht auf. Die äquatorwärts vom Ring liegenden Feldlinien reichen meistens ebenfalls nicht in die Plasmaschicht, sie schließen sich bereits früher (Abb. 9.2). Auch in mittleren Breiten wird man also im Normalfall keine Polarlichter sehen.

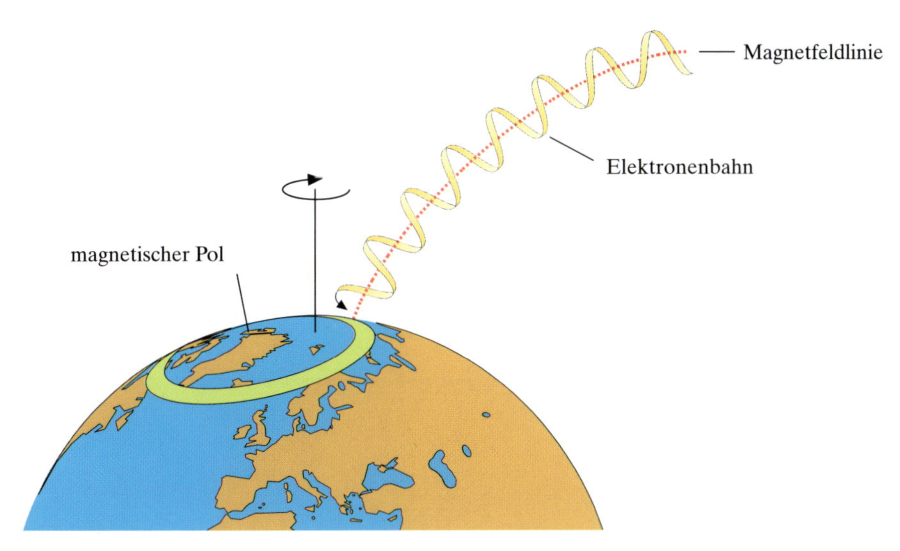

9.3 Ausbildung des ringförmigen Bereichs (Polarlichtoval), in dem sehr häufig Polarlichter auftreten. Die Erde dreht sich unter der Einfallszone (hier schematisch dargestellt durch nur eine Magnetfeldlinie) weg. Während die Erde sich um ihre Achse dreht, die durch den geographischen Nord- und Südpol geht, ist der Mittelpunkt des Polarlichtovals der magnetische Pol. Die einfallenden Elektronen bewegen sich spiralförmig um die Magnetfeldlinien herum.

Wenn hier von „Pol" gesprochen wird, so ist der magnetische Pol gemeint, da für die Magnetfeldlinien der geographische Pol völlig unbedeutend ist. Der Mittelpunkt des Rings ist also der magnetische Pol (siehe Abb. 9.3). Der Ring ist im übrigen nicht genau kreisförmig, sondern leicht oval, weshalb man vom sogenannten „Polarlichtoval" spricht. Daß ein derartiger Ring existiert, vermutete man bereits seit mehr als hundert Jahren (s. u.); gesehen hat man ihn allerdings erstmals auf Bildern, die hochfliegende Satelliten von den Polgebieten der Erde aufgenommen haben, wie in Abb. 9.4 gezeigt.

Im Polarlichtoval tritt das Polarlicht am häufigsten auf, fast jede Nacht. Zu den Polen wie auch zum Äquator hin nimmt die Häufigkeit ab. Dieser Sachverhalt ist in Abb. 9.5 dargestellt. Über der nördlichen Halbkugel der Erde sind hier sogenannte Isochasmen eingetragen,

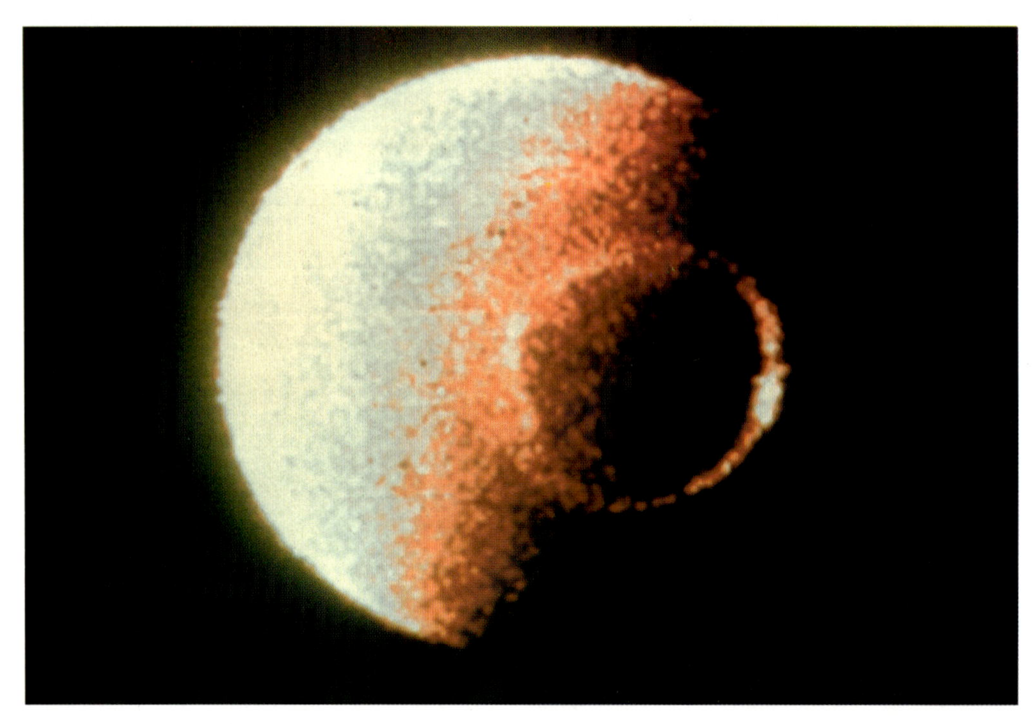

9.4 Polarlicht im Oval um den magnetischen Nordpol der Erde, aufgenommen von dem amerikanischen Satelliten Dynamic Explorer 1 aus einer Höhe von etwa 21 000 km. Die helle Halbkugel kennzeichnet die von der Sonne beschienene Tagseite der Erde. Das Bild ist eine sogenannte Falschfarbendarstellung, d. h. die hier gezeigten Farben entsprechen nicht den wirklichen. Aufgenommen wurde dieses Foto im ultravioletten Lichtbereich. Weiß bedeutet dabei eine hohe Intensität, rot eine niedrige. (Foto von L. A. Frank, The University of Iowa, USA)

d. h. Linien gleicher Polarlichthäufigkeit. Diese Karte wurde bereits im Jahre 1873 von dem Schweizer Geophysiker *Hermann Fritz* aufgrund vieler Beobachtungen gezeichnet. Seit dieser Zeit weiß man also recht gut, wie hoch z. B. die Polarlichthäufigkeit über Deutschland ist. Die Zahl, die man aus der Karte entnimmt, bedeutet, daß in Mitteleuropa in etwa 1–3 Nächten pro Jahr Polarlicht auftreten sollte. Dabei handelt es sich allerdings um einen langjährigen Mittelwert; in manchen Jahren gibt es überhaupt kein Polarlicht über Deutschland, in anderen Jahren mehrere Fälle. In den Mittelmeerländern ist die Beobachtungswahrscheinlichkeit noch viel klei-

H. Fritz war ein Freund von R. Wolf, der sich um die Erforschung der Sonnenflecken verdient gemacht hat (s. u.). Der Zusammenarbeit dieser beiden Forscher verdanken wir die Erkenntnis, daß das Auftreten von Polarlicht und Sonnenflecken eng miteinander gekoppelt ist.

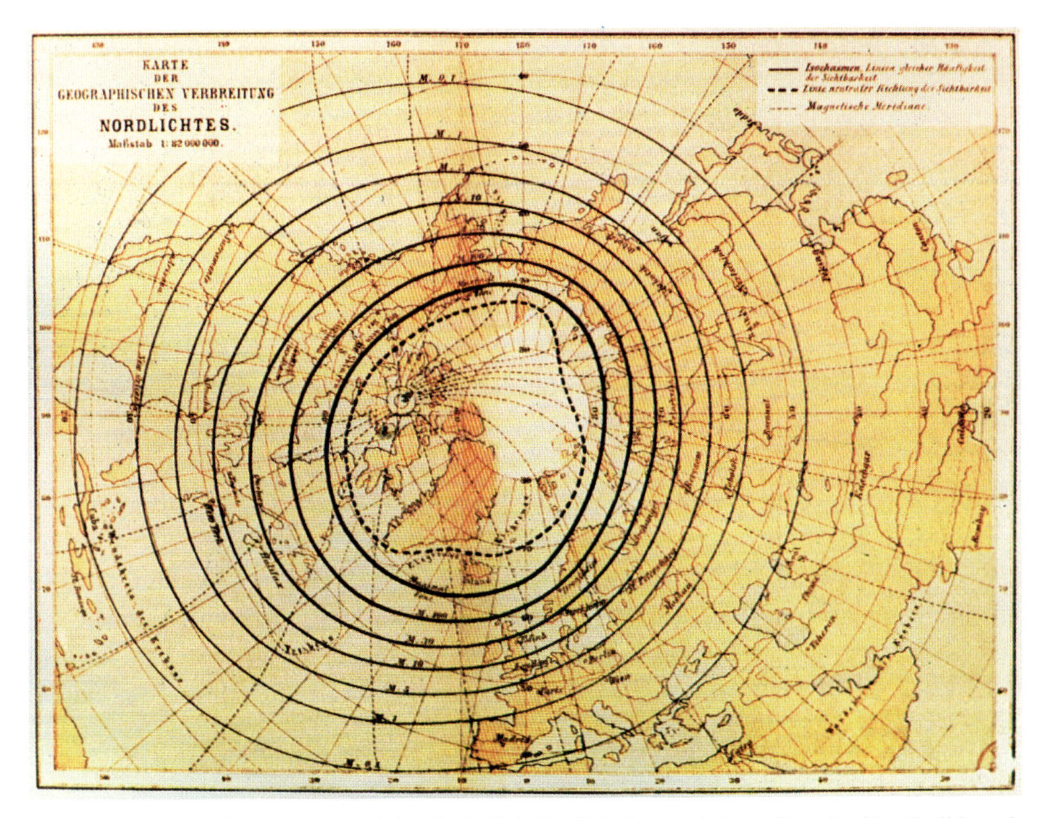

9.5 Isochasmen, d. h. Linien gleicher Polarlichthäufigkeit, gezeichnet über der Nordhalbkugel der Erde (nach Fritz, 1873).

ner, höchsten einmal in 15 bis 20 Jahren kann dort Polarlicht beobachtet werden.

Kritische Leser müßten spätestens an dieser Stelle fragen, wieso über Deutschland oder sogar noch weiter südlich überhaupt Polarlicht auftreten kann. Deutschland liegt in mittleren geographischen Breiten, und die Magnetfeldlinien, die hier beginnen, reichen ja keineswegs bis in die Plasmaschicht, wie man aus der Abb. 9.2 entnehmen kann. Woher kommen also die Teilchen, die Polarlicht in unserer Gegend auslösen? Die Antwort auf diese Frage wird im nächsten Abschnitt behandelt.

Zuvor jedoch noch ein Wort zur Nomenklatur: Besonders in der nichtwissenschaftlichen Literatur findet man als Bezeichnung des hier behandelten Phänomens hauptsächlich den Begriff „Nordlicht". Daß dieser Begriff tatsächlich nur die halbe Wahrheit trifft, kann man der Abb. 9.2 entnehmen: Feldlinien aus der Plasmaschicht beginnen sowohl im Oval um den Nordpol wie im Oval um den Südpol. Die Teilchen aus der Plasmaschicht gelangen also auf ihrem Weg zur Erde hin sowohl in die Nähe des Nordpols als auch in die Nähe des Südpols. Man kann also feststellen: „Nordlicht" tritt immer zusammen mit „Südlicht" auf. Mit dem Begriff Polarlicht wird also eine Einseitigkeit vermieden. Auch in der englischsprachigen Literatur wird ein universeller Begriff benutzt: Aurora. Er geht wahrscheinlich bereits auf *Galilei* zurück und wurde zunächst nur für das Nordlicht benutzt. Erst als Berichte von Seefahrern über das Südlicht in Europa eintrafen, unterschieden die lateinisch schreibenden Wissenschaftler zwischen „aurora borealis" (Nordlicht) und „aurora australis" (Südlicht).

Bereits H. Fritz hatte bei seiner Sammlung von Polarlichtsichtungen herausgefunden, daß beide Phänomene gleichzeitig auftreten.

Vermutlich war einer der ersten, die diese Kunde brachten, der berühmte Kapitän Ulloa, der bereits beim Brockengespenst erwähnt wurde.

Sonnenaktivität und Polarlicht

Wie bereits kurz erwähnt, weht der Sonnenwind nicht immer gleichmäßig und stetig. Ursachen für seine Variation sind komplizierte Vorgänge auf der Sonne (siehe Kasten auf Seite 149).

Kleine Schwankungen im Sonnenwind, die fast immer vorhanden sind, führen zu Polarlichtaktivität im Polarlichtoval. Es können aber auch starke, abrupte Änderungen auftreten, z. B. im Gefolge eines koronalen Massenauswurfs (siehe Kasten). Dabei durchläuft eine sogenannte Stoßwelle den interplanetaren Raum. Als deren Folge kann die Geschwindigkeit der Sonnenwindteilchen von 400 km/s (Mittelwert) auf über 1000 km/s springen und ihre Anzahl sich vervielfachen. Solche

Ähnlich wie der Knall eines Überschalljets.

Sonnenaktivität

In einem Zyklus von etwa 11 Jahren finden auf und in der Sonne gewaltige Umstrukturierungen statt. Ein sichtbarer Ausdruck davon sind die sogenannten Sonnenflecken, die bereits seit mehreren 100 Jahren bekannt sind.
Systematisch wurden sie erstmals von dem Züricher Astronomen *Rudolf Wolf* in der Mitte des vorigen Jahrhunderts studiert. Seitdem werden sie regelmäßig nach Zahl und Größe aufgezeichnet. Auch für die davorliegenden hundert Jahre konnte man aus verstreuten Aufzeichnungen verschiedener Beobachter die Sonnenfleckenzahl rekonstruieren. Treten viele Sonnenflecken auf, so spricht man von einer

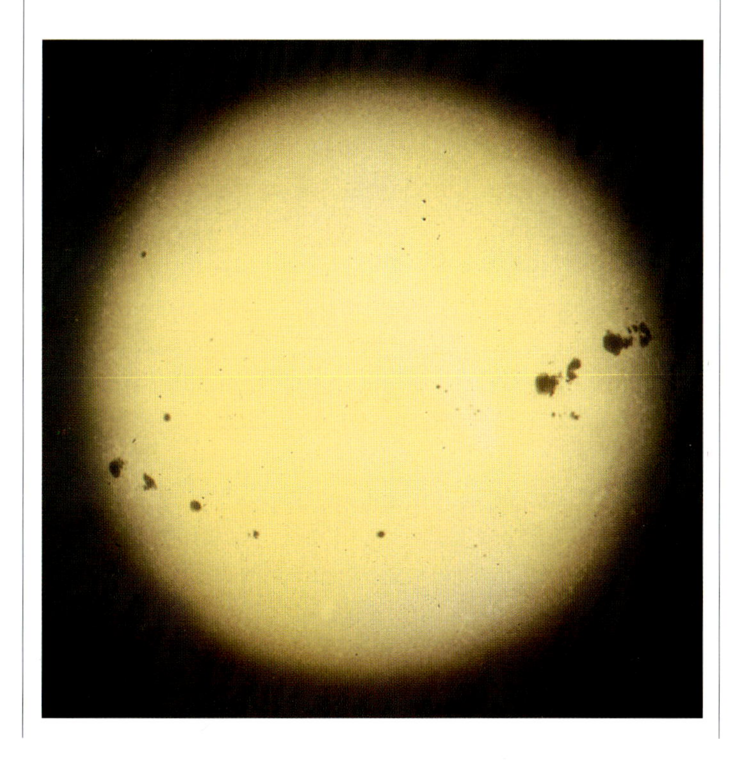

aktiven Sonne, bei wenigen von einer ruhigen. Die Flecken selbst sind Gebiete auf der Sonne, die mehr als 1000 Grad kälter sind als die restliche Sonnenoberfläche mit ihrer Oberflächentemperatur von ca. 5500 °C, daher erscheinen sie dunkler. Wie sie entstehen und wieso ihr Auftreten eine Periode von 11 Jahren aufweist, ist im einzelnen noch ungeklärt. Sie sind jedoch nicht das einzige Merkmal einer aktiven Sonne: Eruptionen, sogenannte Flares, sind gewaltige Explosionen in der Sonnenatmosphäre. Sie gehen oft einher mit sogenannten koronalen Massenauswürfen, bei denen riesige Mengen Gas aus der Korona (der äußersten Hülle der Sonne) in den Weltraum geschleudert werden. Ferner emittiert die aktive Sonne einen erhöhten Anteil an Röntgenstrahlen, Teilchen mit sehr hohen Energien (die fast mit Lichtgeschwindigkeit fliegen), sowie γ-Strahlen.

Änderungen machen sich natürlich auch in der Wechselwirkung zwischen dem Sonnenwind und der Magnetosphäre bemerkbar. Bildlich kann man diese abrupten Änderungen im Sonnenwind mit Sturmböen vergleichen. Bei derartigen Böen wird die Windfahne „Magnetosphärenschweif" besonders heftig gebeutelt. Dabei wird dieser kurzzeitig so zusammengedrückt bzw. eingeschnürt, daß Teilchen aus der Plasmaschicht gewissermaßen herausgequetscht werden. Abb. 9.6 veranschaulicht diesen Sachverhalt. Die Magnetfeldlinien werden beim Einschnüren gedehnt und ziehen sich danach wieder zusammen wie Gummibänder. Dabei nehmen sie die Teilchen mit, die sich dann entweder nach hinten aus der Magnetosphäre hinaus oder nach vorn in Richtung Erde bewegen, wie die dicken Pfeile in Abb. 9.6 zeigen. Im eingeschnürten Magnetosphärenschweif

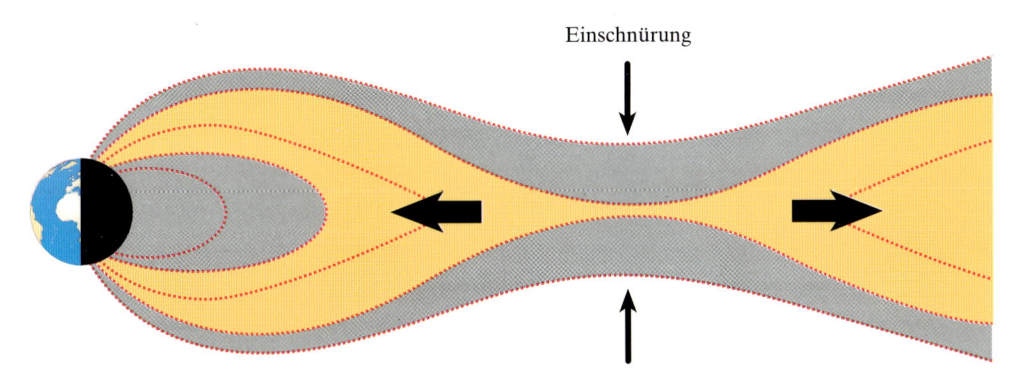

9.6 Einschnürung der Plasmaschicht während des Auftretens von „Böen" im Sonnenwind. Zur Vereinfachung sind hier nur die inneren Feldlinien im Magnetosphärenschweif gezeichnet. Die dicken Pfeile kennzeichnen die Bewegungsrichtung der Teilchen, die von den zurückschnellenden Magnetfeldlinien mitgenommen werden.

liegen jetzt auch Feldlinien innerhalb der Plasmaschicht, die äquatorwärts vom Polarlichtoval beginnen. Das hat zur Folge, daß auch dorthin Elektronen gelangen. Das Polarlichtoval, das bei ruhiger Sonne in hohen geographischen Breiten liegt, dehnt sich also bei gestörten Bedingungen zum Äquator hin aus, und es entstehen damit auch in mittleren oder niedrigen Breiten Polarlichter.

Es sei ausdrücklich betont, daß die obige Beschreibung sehr vereinfacht ist. In Wirklichkeit spielen sich bei der Wechselwirkung des Sonnenwinds mit dem Magnetosphärenschweif sehr komplizierte plasmaphysikalische Prozesse ab, die bis heute nicht vollständig verstanden werden. Mehrere Raumsonden, die in den letzten Jahren in den Magnetosphärenschweif gesandt wurden und die Teilchen und Magnetfelder vermessen haben, konnten deren Verhalten bisher nur zum Teil enträtseln (ausführlichere Darstellungen finden sich z. B. in dem Buch von Glassmeier-Scholer, siehe Literatur im Kapitel X).

Die Verschmelzung von Feldlinien des interplanetaren Magnetfelds mit denen des Erdmagnetfelds spielt dabei eine wichtige Rolle.

Beim Polarlicht, das in mittleren und niedrigen geographischen Breiten auftritt, herrscht meist die rote Farbe vor. Auch sind die Formen nicht so stark strukturiert wie beim Polarlicht in hohen Breiten; große Flecken am Himmel scheinen zu glühen, wie ein solches Ereignis zeigt (Abb. 9.7). Diese rote Farbe wurde in früheren Jahrhunderten immer wieder mit Blut und damit auch mit Krieg assoziiert. Auch wurde der rote Himmel mit Bränden in Verbindung gebracht: So soll einmal der Kaiser Tiberius Löschmannschaften von Rom nach Ostia beordert haben, weil man aufgrund des roten Scheins am Himmel meinte, die Hafenstadt stehe in Flammen.

Ein mittelalterlicher Bericht spricht von „blutigen Fackeln".

Magnetische Stürme

Die Anzahl der Elektronen, die aus der Magnetosphäre in die Atmosphäre einfallen, ist während Sonnenwindböen vermehrt. Die Folge ist eine erhöhte Ionisation von Sauerstoff- und Stickstoffmolekülen, die Ionosphäre wird also dadurch dichter. Das führt u. a. zu einer Veränderung ihrer Reflexionseigenschaften für Radiowellen: Der Kurzwellenempfang wird gestört, bei Ultrakurzwellen können Überreichweiten auftreten. Gleichzeitig nimmt ein elektrischer Strom in der unteren Ionosphäre (100–120 km Höhe), der normalerweise nur schwach fließt, gewaltig zu. Seine Stromstärke kann bis auf über 1 Million Ampere ansteigen. Dieser Strom, der sogenannte „polare Elektrojet", verursacht variierende Magnetfelder, die sich dem konstanten Erdmagnetfeld überlagern. Die Wirkung dieser variierenden Magnetfelder haben Celsius und Hjorter gesehen, als sie die zitternde Kompaßnadel während eines Polarlichts beobachteten (s. o.). Von dieser Bewegung der Nadel rührt wohl die Bezeichnung „magnetischer Sturm" für diese Störung des Erdmagnetfelds her.

Bei einem derartigen Ereignis in den achtziger Jahren konnten die Taxifahrer in Helsinki ihre Kollegen in Hamburg hören.

A. von Humboldt sprach von einem „magnetischen Ungewitter".

9.7 Typisches Polarlicht in mittleren Breiten. Aufgenommen vom Verfasser in Katlenburg-Lindau (bei Göttingen) am 28.11.1989.

Die variierenden Magnetfelder können ihrerseits auf der Erde in langen elektrischen Leitern, z. B. Hochspannungsleitungen oder Tiefseekabeln, Spannungsspitzen induzieren. Diese Überspannungen bewirken ein Ansprechen von Sicherungen, so daß bei starken magnetischen Stürmen in hohen geographischen Breiten ganze Überlandnetze zusammenbrechen können. Bevor die Energieversorgungsunternehmen geeignete Sicherungsschaltungen entwickelt hatten, kam es bei starken magnetischen Stürmen mehrfach vor, daß in ganzen Landstrichen Skandinaviens oder Kanadas der Strom ausfiel.

Einen besonderen Effekt beobachtete man auch an den langen Öl-Pipelines in Alaska: An den Verbindungsstücken der Rohre trat immer wieder starke Korrosion auf. Auch diese wurde nach einem Hinweis der Geophysiker schließlich auf die Wirkung des elektrischen Stroms zurückgeführt, der bei magnetischen Stürmen in den gut leitenden Rohren floß. Erst nach einer Unterbrechung des Stroms durch nichtleitende Übergangsstücke verschwand die Korrosion.

Wie bereits im Kapitel VI erwähnt, ist die Anzahl der Elektronen und Ionen in der Ionosphäre immer sehr viel kleiner als die Zahl der neutralen Atmosphärenbestandteile. Daran ändert auch ein magnetischer Sturm nichts, obwohl es dann mehr Elektronen und Ionen gibt. Die Neutralgasteilchen wirken aber als „Bremse" für den Strom aus Elektronen und Ionen, weil sie häufig mit ihnen zusammenstoßen. Die Neutralgasatmosphäre (Thermosphäre) stellt daher einen Widerstand für den Elektrojet dar und wird demzufolge vom ihm erwärmt wie die Heizwiderstände in einem elektrischen Heizofen. Die Leistung dieses „Heizofens" läßt sich abschätzen: Die Energie des an der Magnetosphäre vorbeiströmenden Sonnenwinds kann pro Zeiteinheit mehrere Milliarden Megawatt betragen. Nur ein Promille bis ein Prozent davon wird in die Magnetosphäre übertragen. Diese Energie findet sich dann zum großen Teil im polaren Elektrojet wieder, nur ein ganz geringer Bruchteil davon wird für das Leuchten des Polarlichts verbraucht. Der „Heizofen" kann also einige Millionen Megawatt leisten, die der Atmosphäre in Form von Wärme zugeführt werden. Es gibt Hinweise dafür, daß diese zusätzliche Erwärmung durch den Sonnenwind – über die hier geschilderte Kausalkette – durchaus klimatologische Folgen haben kann. So hat der amerikanische Astronom *John Eddy* herausgefunden, daß in den Jahren 1645 bis 1715 kaum Sonnenflecken auftraten. Gleichzeitig gab es in diesen Jahren viele extrem kalte Winter und kühle Sommer; man spricht hier von einer „kleinen Eiszeit".

Diese Zahl ist immer noch sehr klein gegen die etwa 100 Milliarden Megawatt, die als Wärmestrahlung von der Sonne in der gesamten Erdatmosphäre absorbiert werden.

Obwohl die oben erwähnte Energie beträchtlich ist, läßt sie sich leider nicht für die Menschheit nutzbar machen, weil sie über riesige Räume verteilt ist. Der polare Elektrojet fließt in einem „Kabel“ mit einem Querschnitt von etwa 30×300 km. Die Stromdichte darin (Ampere pro Querschnittsfläche) ist nur etwa ein Trillionstel der Stromdichte in einer Überlandleitung.

Aus den hier aufgezählten Wirkungen eines magnetischen Sturms erkennt man, daß das Polarlicht nur eine Teilerscheinung davon ist. Die sehr komplexen Vorgänge, die sich dabei in der Magnetosphäre und in der Ionosphäre hoher geographischer Breiten abspielen, sind auch heute noch Gegenstand der Forschung. Mit Satelliten und Forschungsraketen versucht man, diese Vorgänge zu untersuchen, aber auch z. B. mit leistungsfähigen Radargeräten. Eine solche Anlage, mit der u. a. die Ströme, die in der Ionosphäre fließen, ermittelt werden können, steht in Nordnorwegen und ist auf Abb. 9.8 unter dem Polarlichtbogen und in Abb. 2.6 unter dem Regenbogen zu erkennen.

Klassifizierung von Polarlichtern

Wie schon die Bildauswahl (Abb. 9.7–9.13) zeigt, kann das Polarlicht in Form, Farbe und Helligkeit sehr unterschiedlich sein. Bei ruhigen oder nur schwach gestörten Bedingungen beobachtet man innerhalb des Polarlichtovals den sogenannten „ruhigen“ Bogen (Abb. 9.8). Er überspannt den Himmel in ost-westlicher Richtung und kann mehrere 10 Minuten lang völlig ruhig stehen. Oft zeigen sich auch mehrere Bögen hintereinander. Tritt eine plötzliche Störung im Sonnenwind auf, so verformt sich der ruhige Bogen, es können Beulen oder Falten entstehen (Abb. 9.10). Man spricht dann von Bändern, denn wie ein Leuchtband fließt die Erscheinung über den Himmel. In die Bänder sind häufig von oben nach

Zum Studium von Polarlichtern benutzt man häufig eine sogenannte All-Sky-Camera. Mit einer Fischaugenoptik bildet sie das ganze Himmelsgewölbe auf den Film ab (siehe Abb. 9.9).

9.8 Typischer, sogenannter ruhiger Polarlichtbogen über der Forschungs-Radarstation EISCAT in Nordnorwegen. (Foto: H. Lauche, Katlenburg-Lindau)

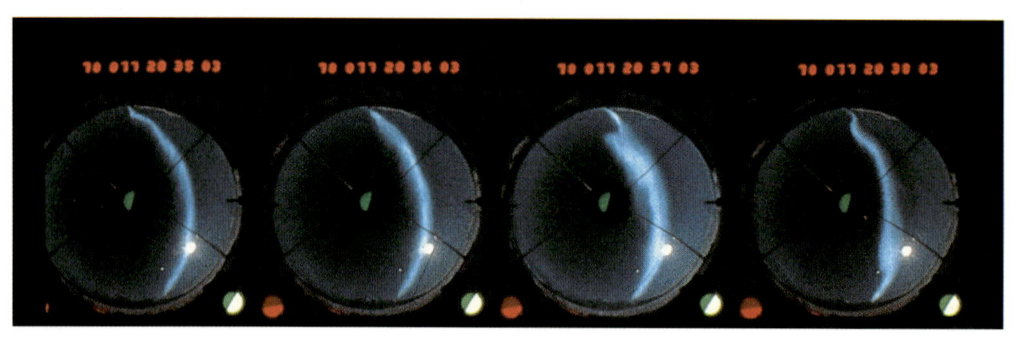

9.9 All-Sky-Aufnahmen von ruhigen Bögen. Man erkennt darauf, daß der Bogen tatsächlich den ganzen Himmel überspannt. Aus der zeitlichen Abfolge der Bilder erhält man Aufschluß über die Bewegung und Verformung des Bogens. (Foto zur Verfügung gestellt von R. Pellinen, Helsinki)

9.10 Verformter Polarlichtbogen. (Foto zur Verfügung gestellt von T. Ono, Weltdatenzentrum für Polarlicht, Tokio)

unten laufende Strahlen eingebettet. Bei stark gestörten Bedingungen kann der ganze Himmel von Bändern bedeckt sein. Sie wechseln schnell ihre Farbe, Form und Helligkeit. Oft sind es auch wellenförmige Strukturen, die von Ost nach West über den Himmel laufen.

Die stark variierenden Polarlichter treten meist um Mitternacht oder in den frühen Morgenstunden auf, während die ruhigen Bögen sich meist am Abendhimmel zeigen.

Als Corona (nicht zu verwechseln mit der oben erwähnten Sonnenkorona) bezeichnet man eine Polarlichtform, die der Beobachter genau im Zenith sieht. Die einzelnen Strahlen scheinen hier in einem Punkt zusammenzulaufen (Abb. 9.11). Das ist wieder der gleiche Effekt wie bei den scheinbar zusammenlaufenden

Eisenbahnschienen, der bereits bei Meteorströmen erwähnt wurde.

Vorhänge nennt man dünne, schleierförmige Polarlichter, die bis zu mehreren 100 km Höhe reichen. Oft scheinen helle Sterne hindurch (Abb. 9.12). Daß die Vorhänge wirklich weit in den Himmel hinaufreichen, kann man gut an einem Foto erkennen, das von der bemannten Raumsonde SPACELAB III aus aufgenommen wurde (Abb. 9.13).

Die Helligkeit von Polarlichtern kennzeichnet man nach einem internationalen Helligkeitsstandard (International Brightness Coefficient = IBC). IBC I bedeutet danach eine Helligkeit wie die Milchstraße, II wie vom Mond beschienene Cirruswolken, III wie vom Mond beleuchtete Cumuluswolken und IV so hell wie der Vollmond.

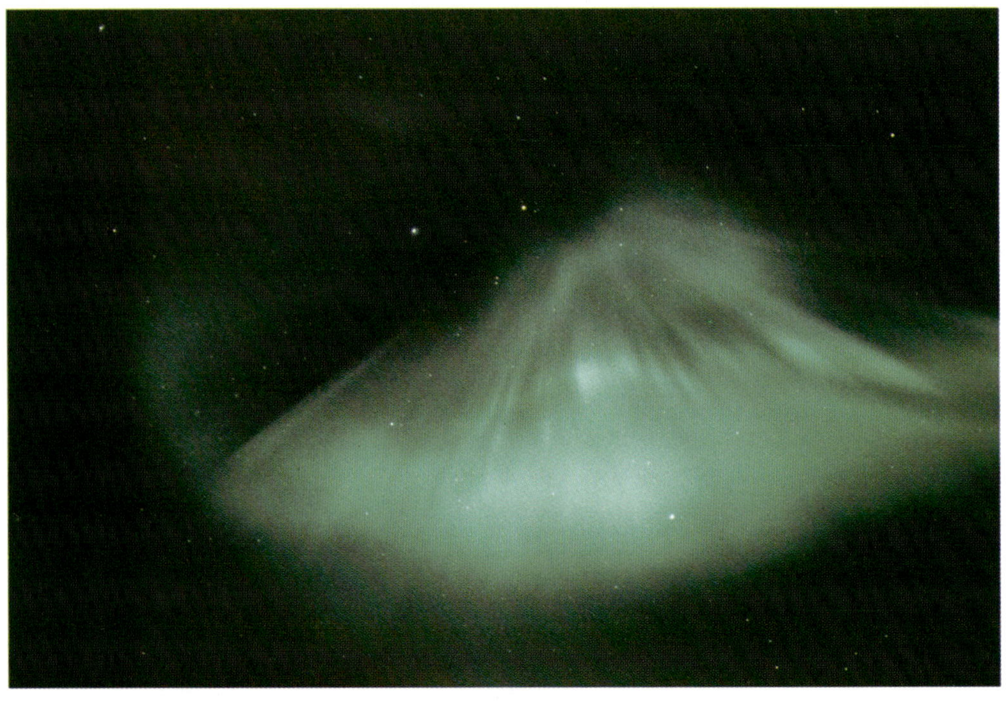

9.11 Als Corona bezeichnet man ein Polarlicht, das der Beobachter genau im Zenith sieht. (Foto zur Verfügung gestellt von T. Ono, Weltdatenzentrum für Polarlicht, Tokio)

9.12 Dünner Polarlichtvorhang, durch den man die Sterne sehen kann. (Foto zur Verfügung gestellt von T. Ono, Weltdatenzentrum für Polarlicht, Tokio)

Zum Schluß soll noch eine seltene Form erwähnt werden: das Protonenpolarlicht. Es wird von Protonen ausgelöst, die von oben in die Atmosphäre einfallen, genau wie die Elektronen, die alle bisher beschriebenen Formen verursachen. In Höhen oberhalb von 300 km werden Wasserstoffatome (vgl. Kapitel VI) durch die Protonen zum Leuchten angeregt, wobei rotes Licht von 656,3 nm Wellenlänge emittiert wird. Ohne technische Hilfsmittel kann man dieses Rot nicht von dem 630 nm Leuchten des Sauerstoffs (s. o.) unterscheiden. Die Protonen stammen ebenfalls von der Sonne. Sie dringen direkt entlang der Feldlinien ein, die von den Polen in den Weltraum hinaus reichen, nehmen also nicht wie die Elektronen den Umweg über den Magnetosphärenschweif. Dieses Protonenpolarlicht tritt daher auch nicht

Diese Protonen werden bei Sonneneruptionen frei und haben eine Energie, die mehr als 1000mal größer ist als die Energie der Protonen im Sonnenwind.

9.13 Polarlicht-Foto von SPACELAB III aus ca. 250 km Höhe (Foto zur Verfügung gestellt von der NASA).

im Polarlichtoval auf, sondern über den gesamten Polkappen. Es zeigt keine Strukturen, überdeckt aber meist große Flächen des Himmels.

Fotos von Polarlichtern können immer nur ein Augenblicksbild zeigen. Die gewaltige und beeindruckende Dynamik der Leuchterscheinung erschließt sich nur durch persönliche Beobachtung oder auch durch einen Videofilm (Bezugsnachweis im Kapitel X). Jeder, der die schillernden und wabernden Lichtbänder schon einmal selbst gesehen hat, wird bestätigen, daß es sich hierbei um die eindrucksvollste Leuchterscheinung am Himmel handelt.

Die Farben und Formen, aber auch die etwas unheimliche Stimmung, die ein Betrachter eines Polarlichts erlebt, kommen treffend in einem Gedicht von *Robert Service* zum Ausdruck. Einige Zeilen daraus sollen dieses Kapitel beschließen:

Robert Service, 1874–1958, kanadischer Dichter und Abenteurer, lebte hauptsächlich in Yukon und Alaska.

Wir schreiten weiter auf dem Weg, in Trance und
Traum hinein,
und das Nordlicht in kristall'ner Nacht bricht auf
wie ein mystischer Schein.
Es tanzt und tanzt den Teufelstanz über dem nackten
Schnee,
und es schwinget weich den Wogen gleich wie Ebbe
und Flut in der See.
Es kräuselt grün in seltsamen Glühn und fächert
sich auf im Wehn,
wie Feuersglut mit rötlichem Strahl, den kein Auge
je gesehn.
Bald krümmt es sich wie Schlangenbrut, zischend
und schwefelbleich,
bald wächst's zum Drachen riesengroß mit
peitschendem Klauenschweif.
Und es sieht so aus, wenn wir stehn und schaun,
den Blick gerichtet nach oben,
daß der Himmel einer Höhle gleicht, wo Untiere
spielend toben.

(Die Ballade vom Nordlicht – Übersetzung des Verfassers).

X. Literatur, Videofilme, Bilder, Anschriften

Kapitel I–IV (Meteorologische Optik)

Hellmann, G.
Neudrucke von Schriften und Karten über Meteorologie und Erdmagnetismus, Bd. 14 Meteorologische Optik
A. Asher und Co., Berlin, 1902

Ein Leckerbissen für Leser mit wissenschaftshistorischem Interesse. Enthält Originalbeiträge u. a. von Descartes, Newton, Airy, de Ulloa, Lowitz, Fraunhofer.

Pernter, J. M. und Exner, F. M.
Meteorologische Optik
W. Braumüller, Wien und Leipzig, 1922

„Der" Klassiker in der meteorologischen Optik, sehr ausführliche Beschreibungen aller entsprechenden Phänomene. Da es sich bei der meteorologischen Optik um ein im wesentlichen abgeschlossenes Gebiet handelt, immer noch aktuell. Kaum Fotos aber viele Zeichnungen, Tabellen und Beobachtungsbeschreibungen, auch mathematische Ableitungen.

Meyer, R.
Die Haloerscheinungen
Verlag von Henri Grand, Hamburg, 1929

Behandelt, wie schon der Titel sagt, nur die Haloerscheinungen, viele Details, auch seltene Formen werden beschrieben.

Dietze, G.
Einführung in die Optik der Atmosphäre
Akademische Verlagsgesellschaft Geest und Portig, Leipzig, 1957

Ähnlich wie Pernter-Exner, aber etwas kompakter, ausführliche mathematische Behandlung aller Phänomene, wenig Fotos, aber viele Skizzen.

Bullrich, K.
Die farbigen Dämmerungserscheinungen
Birkhäuser Verlag, Basel-Boston-Stuttgart, 1982

Beschreibt lediglich die Himmelsfarben und ihr Zustandekommen, dieses aber sehr ausführlich. Enthält auch ein Kapitel über die Funktion des Auges und seine physiologischen Besonderheiten. Leuchtende Nachtwolken und Polarlicht werden ganz kurz erwähnt.

Minnaert, M.
Licht und Farbe in der Natur
Birkhäuser Verlag, Basel-Boston-Berlin, 1992

Dieses ausgezeichnete Buch, das ursprünglich (in holländisch) bereits 1937 erschien, liegt nun endlich auch in deutscher Übersetzung vor. Es ist wohl derzeit das ausführlichste Buch zum Thema Meteorologische Optik und behandelt ausführlich auch viele Phänomene, die im vorliegenden Buch nur kurz erwähnt werden, wie z. B. Fata Morgana, Tau-Heiligenschein, optische Täuschungen. Auch seltene und umstrittene Erscheinungen werden besprochen. Der Verfasser selbst beschreibt es als Wander- und Beobachtungsbuch für Naturwissenschaftler. Reiches Bildmaterial.

Löw, A.
Luftspiegelungen, Naturphänomen und Faszination
BI-Wissenschaftsverlag, Mannheim, 1990

Erläutert sehr ausführlich alle Arten von Luftspiegelungen, allerdings keine anderen Themen aus der Meteorologischen Optik.

Den Lesern mit englischen Sprachkenntnissen werden ferner empfohlen:

Minnaert, M.
The Nature of Light and Colour in the Open Air
Dover Paperback, New York, 1954

Preiswerte Paperback Ausgabe des o. g. Buches in englischer Übersetzung. Enthält allerdings keine Fotos.

Greenler, R.
Rainbows, Halos, and Glories
Cambridge University Press, Cambridge, 1980 (Nachdruck Paperback 1991)

Ein sehr empfehlenswertes Buch! Anschauliche und verständliche Beschreibungen, viele Farbfotos. Auch Ergebnisse von Computersimulationen der Leuchterscheinungen.

Tricker, R. A. R.
Introduction to Meteorological Optics
American Elsevier, New York, 1970

Kapitel V (Blitze)

Leider gibt es über Blitze keine populärwissenschaftliche Darstellung in deutscher Sprache. Von englisch geschriebenen Büchern wird empfohlen:

Uman, M.
Lightning
McGraw-Hill, New York, 1969

Sehr ausführliche Darstellung aller Aspekte der atmosphärischen Elektrizität, des Gewitters und der Blitze. Auch ein langes Kapitel über Kugelblitze.

Volland, H.
Atmospheric Electrodynamics
Springer-Verlag, Berlin, 1982

Enthält ein ausführliches Kapitel über Blitze, mathematisch anspruchsvoll.

Salanave, L. E.
Lightning and its Spectrum
University of Arizona Press, Tucson, 1980

Der Untertitel dieses Buches lautet „An Atlas of Photographs", es enthält daher im wesentlichen sehr eindrucksvolle Blitzaufnahmen und ihre Beschreibung. Auch viel Details zur Geschichte der Blitzfotografie und Spektroskopie.

Kapitel VI (Die Erdatmosphäre)

Keppler, E.
Die Luft, in der wir leben
Piper Verlag, München-Zürich, 1988

Eine umfassende und verständliche Einführung in die Physik der Atmosphäre. Enthält auch ein Kapitel, in dem einige Leuchterscheinungen kurz beschrieben werden. Geht auch auf die Problematik der Luftverschmutzung, des Ozonlochs und des Treibhauseffektes ein.

Die Erdatmosphäre und ihr Aufbau wird auch in verschiedenen meteorologischen Lehrbüchern beschrieben, z. B.

Möller, H.
Einführung in die Meteorologie
BI-Hochschultaschenbücher, Bibliographisches Institut
Mannheim, 1978

Lauterbach, R.
Physik des Planeten Erde
Akademie Verlag, Berlin, 1985

Die Ionosphäre wird auch in dem unter Kapitel IX zitierten Buch „Plasmaphysik des Sonnensystems" sehr gut beschrieben.

Kapitel VII (Meteore)

Rendtel, J.
Sternschnuppen
Urania Verlag, Leipzig-Jena-Berlin, 1991

Ein sehr empfehlenswertes Buch, verständlich und ausführlich. Alle Meteorströme werden einzeln beschrieben, auch die Art und Zusammensetzung der Meteoriten, die dabei auf den Erdboden fallen. Viele Fotos und Skizzen, auch Beobachtungshinweise.

Weiterhin findet man in fast jedem Astronomiebuch ein Kapitel über Meteore. Lesenswert sind auch:

Kippenhahn, R.
Unheimliche Welten – Planeten, Monde und Kometen
Deutsche Verlags-Anstalt, Stuttgart, 1987

Beschreibt in verständlicher Form u. a. die Meteore im großen Kontext unseres Sonnensystems.

Kometen, Asteroiden und Meteoriten
Time-Life-Buch, Amsterdam, 1991

Sehr anschauliche Darstellung mit vielen Bildern, wenig über Meteore, aber z. B. ausführliche Darstellung von Meteoriten-Katastrophen.

Zum Auffinden der Radianten:

Heermann, H.-J.
Nachtleuchtende Sternkarte für jedermann
Franckh-Kosmos Verlags-GmbH, Stuttgart

Kapitel VIII (Leuchtende Nachtwolken)

Auch über leuchtende Nachtwolken gibt es bisher keine zusammenfassende Darstellung in deutscher Sprache in Buchform. In einigen meteorologischen Lehrbüchern und Astronomiebüchern werden sie kurz erwähnt. Ein lesenswerter Übersichtsartikel, verfaßt von W. Schröder, erschien in der „Meteorologischen Rundschau", Band 27, Seite 61 (1974).

In englischer Sprache gibt es ein sehr ausführliches Buch:

Gadsen, M. und Schröder, W.
Noctilucent Clouds
Springer-Verlag, Heidelberg, 1989

Kapitel IX (Polarlichter)

Fritz, H.
Das Polarlicht
Brockhaus Verlag, Leipzig, 1881

Wissenschaftshistorisch interessante Darstellung, Beschreibung der Beobachtungsergebnisse noch heute aktuell.

Schröder, W.
Das Phänomen des Polarlichts
Wissenschaftliche Buchgesellschaft, Darmstadt, 1984

Kann allen empfohlen werden, die sich für die Geschichte der Polarlichtforschung interessieren.

Glasmeier, K.-H. und Scholer, M. (Hrsg.)
Plasmaphysik des Sonnensystems
BI-Wissenschaftsverlag, Mannheim, 1991

Dieses Buch enthält 15 Kapitel von verschiedenen Autoren über die Sonne, den Sonnenwind, die Magnetosphäre und die Ionosphäre. Es stellt das einzige Buch in deutscher Sprache dar, das diese Phänomene zusammenfassend beschreibt. Vom Autor dieses Buches stammt das Kapitel über Polarlichter. Gedacht für Leser mit physikalischen Vorkenntnissen.

Einige frühe Beschreibungen von Polarlichtsichtungen in Mitteleuropa mit entsprechenden Stichen (Flugblätter, ähnlich wie die Abb. 9.1) finden sich in:

Bott, G. (Hrsg.)
Zeichen am Himmel
Germanisches Nationalmuseum, Nürnberg, 1982

Von Büchern in englischer Sprache kann empfohlen werden:

Eather, R.
Majestic Lights
American Geophysical Union, Washington D.C., 1980

Ein sehr schönes Buch, viele Farbfotos. Polarlicht in Mythologie, Literatur und Malerei. Geschichte der Forschung, aber auch verständliche Beschreibung der physikalischen Phänomene.

Brekke, A. und Egeland, A.
The Northern Light – From Mythology to Space Research
Springer-Verlag, Berlin, 1983

Ähnlich wie das Buch von Eather, aber besondere Betonung des Beitrags norwegischer Wissenschaftler zur Polarlichtforschung.

Zeitschriften

In folgenden Zeitschriften findet man gelegentlich Artikel über atmosphärische Leuchterscheinungen:

Kosmos
Deutsche Verlags-Anstalt GmbH
Neckarstraße 121, 70190 Stuttgart
Erscheinungsweise: monatlich

Spektrum der Wissenschaft
Spektrum Akademischer Verlag
Vangerowstraße 20, 69115 Heidelberg
Erscheinungsweise: monatlich

Sterne und Weltraum
Verlag Sterne u. Weltraum Dr. Vehrenberg GmbH
Portiastraße 10, 81545 München
Erscheinungsweise: monatlich

Die Sterne
Johann Ambrosius Barth Verlagsgesellschaft
Prager Straße 18b, 04103 Leipzig
Erscheinungsweise: alle 2 Monate

Videofilme und Dias

Das Geophysikalische Institut der University of Alaska in Fairbanks vertreibt einen eindrucksvollen Videofilm über Polarlichter, in dem besonders die zeitliche Dynamik dieses Phänomens zum Ausdruck kommt, die ein Foto niemals liefern kann. Der Videofilm („**Aurora**“) ist mit Musik unterlegt, enthält keine Erläuterungen und dauert ca. 25 Minuten. Preis 40 US-Dollar. (Bei der Bestellung deutsche Fernsehnorm PAL angeben!) Beim gleichen Institut gibt es Dia-Serien mit Polarlichtaufnahmen. Jede Serie (A–D) besteht aus 5 Dias und kostet 2,50 US-Dollar. Serie D enthält Bilder aus dem Weltraum. Leider sind die Farben nicht ganz naturgetreu.

Bezugsadresse: Geophysical Institute
University of Alaska
Fairbanks, Alaska, 99701
USA

Einen Videofilm über Polarlichter mit verständlichen englischen Erläuterungen (ca. 30 Minuten) kann man unter dem Titel

Nights of Aurora

beziehen bei: EISCAT Scientific Association
Box 812
S–98128 Kiruna
Schweden

EISCAT ist eine internationale wissenschaftliche Organisation zur Erforschung der Ionosphäre und aller sich darin abspielenden Prozesse (also auch Polarlichter) mit Hilfe von Radaranlagen (siehe auch Abb. 9.8).

Aufnahmen von speziellen Polarlichtformen kann man auch erhalten beim:

World Data Centre C2 for Aurora
National Institutc of Polar Research
Tokyo 173
JAPAN

Amateurvereine zur Beobachtung von atmosphärischen Leuchterscheinungen:

Arbeitskreis Meteore e.V. (AKM)

Wie schon der Name sagt, ursprünglich eine Vereinigung von Meteorbeobachtern. Die Mitglieder beschäftigen sich aber auch mit leuchtenden Nachtwolken und Polarlichtern. Für alle Phänomene der atmosphärischen Optik gibt es eine besondere Sektion „Halobeobachtungen". Monatlich wird ein Mitteilungsblatt herausgegeben, das Beobachtungen, aber auch Beobachtungshinweise enthält. Auch Seminare mit Beobachtungskursen werden abgehalten.

Kontaktanschrift: Arbeitskreis Meteore e.V.
Jürgen Rendtel
Gontardstr. 11
14471 Potsdam

Sektion Halobeobachtungen im AKM
Wolfgang Hinz
Otto-Planer-Str. 13
09131 Chemnitz

Vereinigung der Sternfreunde (VdS)

Die Vereinigung gibt die bereits oben erwähnte Zeitschrift „Sterne und Weltraum“ heraus.

Kontaktanschrift:

Otto Guthier
Hambacher Tal 201
64646 Heppenheim

Die Fachgruppe „Atmosphärische Erscheinungen“ der VdS wird von der Sektion Halobeobachtungen des AKM (s. o.) betreut.

Sichtungen von leuchtenden Nachtwolken und Polarlichtern sammelt:

Dr. W. Schröder
Geophysikalische Station
Hechelstraße 8
28777 Bremen-Roennebeck

Beobachtungen von allen ungewöhnlichen atmosphärischen Erscheinungen können auch an den Verfasser geschickt werden, der sie gegebenenfalls an die richtige Organisation weiterleitet:

Dr. Kristian Schlegel
Max-Planck-Institut für Aeronomie
Postfach 20
37189 Katlenburg-Lindau

Index

A

Absorption 101
Aerodynamik 58
Aeronomie 97
Aerosole 14–17
Airy, G. 36f
All-Sky-Aufnahmen 156
All-Sky-Camera 155
Alvarez, W. 121
Ångström, A. J. 138
Anregungsenergie 143
Anregungszustand 83f, 143
Aquariden
  Δ- 113
  Eta- 113
Arbeitskreis Meteore 58, 60
Argon 11, 86, 103
Aristoteles 41, 87, 105, 137
Asaro, F. 121
Asteroid 106, 121
Atmosphäre 12, 14–17, 19, 22, 44, 55, 58, 60, 73, 81, 83, 85f, 97f, 100f, 107f, 115f, 118, 120f, 128, 130, 132, 142f, 152, 154, 159
Atom 82–85, 109f, 142f
Atombau 81
Aureole 61, 63, 65
Aurora 148

B

Bänder 128, 155
Benzenberg, J. F. 111f
Berührungsbogen 47f, 59f
Beugung 62, 81
Beugungsringe 62–64
Biermann, L. 138
Birkeland, K. 138
Bishop, S. 65
Blitz 71f, 74f, 85–87, 89, 93–95, 110, 138, 142
Blitzableiter 72
Blitzenergie 94
Blitzentladung 94
Blitzgefahren 94
Blitzkanal 77, 79, 85, 87–89
Blitzschutz 94
Blitzstrom 71, 94
Bogen, ruhiger 155, 157
Bohr, N. 82
Boliden 110
Boys, C. 73
Brahe, T. 107
Brandes, H. W. 111f
Brechung 27, 34f, 81
Brechungshalos 52f, 56
Brechungsindex 19f, 29, 34f, 45
Brockengespenst 67–70
Bugstoßwelle 139

C

Cavendish, H. 144
Celsius, A. 137, 152
Chladni, E. 106
Cirruswolken 44, 100, 129, 158
Coma 109
Computersimulation 58

Corona 157f
Cumulonimbus 73
Cumuluswolken 158

D

Dämmerung 17, 117
de Ulloa, A. Don 68
Descartes, R. 36
Dichte 19
Dipolachse 140
Dipolfeld 140
Donner 71, 87–89, 95, 118
Drucksprung 87f
Druckwelle 118, 121
Durchbruchsfeldstärke 74
Dynamic Explorer 146

E

Eddy, J. 154
Einschlagkrater 121
Eiskristall 41, 44–46, 50, 58, 63f, 73, 97, 100, 129–131, 137
Eiswolke 46, 50f, 56
Elektrojet 154
polarer 152, 154f
Elektronen 81–83, 85f, 102, 109, 139, 142–144, 151f, 154, 159
Elmsfeuer 89, 93
Emissionen, verbotene 143
Endblitz 116, 118
Ensisheim 119f
Entladungskanal 77f
Erdmagnetfeld 137
EUV-Strahlung 101
Exosphäre 102
Extinktion 12, 14, 18
Ezechiel 135

F

Farbskala 11
Fata Morgana 23
Feldlinien 139, 144
Feldstärke, elektrische 74, 76, 93
Feuerkugel 110, 115–120
Fischaugen 59
Fischaugenoptik 155
Flächenblitz 79
Flares 150
Flugblatt 135
Förster, W. 126
Franklin, B. 72
Fraunhofer, J. 64
Fritz, H. 146, 148

G

Galilei, G. 148
Gauß, C. F. 137
Gegenpunkt 27
Gegensonne 54–56, 60
Geminiden 113, 115
Gewitter 71, 73, 94, 97
Glasprisma 84f
Glorie 66–70, 81
Goethe, J. W. von 11
Gold, T. 139
Greenler, R. 58
Grundzustand 83–86, 142

H

Halley, E. 113, 137
Halo 38, 41, 43f, 46, 61, 64, 81
22°-Halo 45–51, 59f, 64
46°-Halo 50, 60
Hauptblitz 77–80, 94
Hauptbogen 27–30, 35f, 38
Hauptregenbogen 37
Helium 103
Helligkeit 110f, 116, 120, 123
Helligkeitsklasse 111
Hellmann, G. 70
Herschel, W. 73
Hevelius, J. 43
Himmelsblau 11
Hjorter, O. P. 137, 152

Hof 61
Horizont 21, 24f, 38, 50, 52, 54f, 66, 113, 126, 133
Horizontalkreis 52–54, 56, 59f
Humboldt, A. von 105, 137, 152
Huygens, C. 42

I

infrarote Strahlung 13
Intensität 12, 16, 37
Interferenz 36
Ion 82f, 85, 102, 109, 142f, 154
Ionisation 102, 109, 152
Ionosphäre 102, 152, 154f
Iridium 121f
Isochasmen 145, 147

J

Jesse, O. 126
Jupiter 110

K

Kepler, J. 107
Keplersche Gesetze 106, 114
Kleinplanet 106, 115
Kohlendioxid 101, 103
Komet 106f, 109, 113–115, 118, 137
Korona 61, 150
Krakatau 66, 125, 130
Kränze 61, 63–66, 81
Kristallisationskerne 130
Kugelblitze 89–93

L

Ladung 74
Ladungsinduktion 74
Ladungsträger 75, 78f
Ladungstrennung 74
Ladungsverteilung 74
Längstwellen 87
Leitfähigkeit 79
Lichtbeugung 61, 64
Lichtbrechung 19f, 24, 29, 43, 48, 61f
Lichtemission 73, 84
Lichtkreuz 41, 51, 54
Lichtsäule 53–55, 60
Lichtwelle 12
Linienblitz 79
Lowitz, T. 57
Luftdruck 130, 143
Luftspiegelungen 22f
Luftwiderstand 44, 108
Lyriden 113

M

Magnetfeld 92, 137, 139f, 151–153
Magnetfeldlinien 140–142, 145, 147, 151
Magnetosphäre 139, 141–143, 150, 152, 154f
Magnetosphärenschweif 141, 150f, 159
magnitudo 110
Mariotte, E. 43
Massenauswurf, koronaler 148, 150
Materie, interplanetare 106, 123
Mesopause 101, 129f, 132
Mesosphäre 98, 100, 109
Meteor 105–107, 109–113, 116f, 120–123
Meteorit 107, 117–119, 121f, 130
Meteoroid 107–109, 113–117, 120
Meteorologie 105
Meteorstrom 112, 115f, 158
Methan 103
Mie, G. 16, 67
Minnaert, M. 24, 38
Mitternachtssonne 54f, 126

Molekül 14, 71, 82, 84f, 109f, 142f
Molekülbau 81
Mondregenbogen 39

N

Nachtwolken, leuchtende 100, 125–133
Nanometer 13
Nebelbogen 38, 68
Nebelwand 66–68
Nebenbogen 27f, 30f, 33, 36
Nebenregenbogen 37
Nebensonne 50–52, 57–60
120°- 59f
Neon 103
neutrales Gas 102
Neutralgasteilchen 154
Newton, I. 34, 61
Nördlinger Ries 121

O

Orioniden 113
Ozon 100f, 103
Ozonschicht 128

P

Parker, E. 138
Perlmutterwolken 100
Perlschnurblitze 89, 91, 93
Pernter, J. M.-Exner, F. M. 42, 58
Perseiden 113, 118
Phaethon 113, 115
Pinatubo 17
Planeten 102, 106f, 114, 126
Planetoid 113
Plasma 82f
Plasmaschicht 141f, 144, 147f, 150f
Plättchen 41, 44, 51, 54, 56, 58
Pol, magnetischer 145
Polarlicht 125, 135, 137f, 142–148, 151–160
Polarlichtbogen 155
ruhiger 156
Polarlichtoval 145, 148, 151, 160
Polarstern 110
Polkappen 160
Protonen 138, 159
Protonenpolarlicht 159

Q

Quadrantiden 113

R

Radar 128, 155
Radargerät 109
Radiant 113, 115f
Radiometeore 109
Radiowellen 87, 102, 152
Rauchspur 117, 120
Raum, interplanetarer 102f, 107
Rayleigh, J. W. 11
Reflexion 27, 30–32, 35, 38, 102
Refraktion 19, 21, 23f
Regenbogen 24, 27f, 33–38, 42, 45, 48, 61, 64, 69, 81, 155
Reibung 108
Reibungselektrizität 74
Reibungskräfte 108
Reimarus, J. 72
Rekombinationsleuchten 109
Richmann, G. W. 72
Ring 44–46, 49, 61, 128
Röntgenstrahlen 150
Röntgenstrahlung 83

S

Sauerstoff 82f, 103, 142, 152, 159
Sauerstoffatom 84

Säulen 41, 44, 47, 54, 57f
Saussure, H. B. de 11
Schallgeschwindigkeit 87, 89, 118
Scheiner, C. 41, 45, 47, 50–52, 57
Schleier 128
Schwerewellen 128, 132
Sektion Halo-Beobachtung 60
Sekundärbogen 36, 38
Seneca 137
Service, R. 161
Sferics 87
Snellius, W. 20, 32
Sonnenaktivität 102, 148f
Sonnenflecken 146, 149, 154
Sonnengegenbogen 38
Sonnengegenpunkt 27f, 30, 34f, 66, 69
Sonnensystem 106
Sonnenwind 138f, 141, 148, 150f, 154, 159
Spektralanalyse 73, 84, 86, 138
Spektralfarben 24, 85f
Spektrum 13, 18, 110
Spiegelung 81
Spiegelungshalos 52, 54, 56
Stabmagnet 140
Stäbchen 39
Sternschnuppe 105f, 112
Stickstoff 83, 103, 142, 152
Störmer, C. 138
Stoßanregung 84f, 109, 143
Stöße 143
Stoßenergie 85, 142
Stoßwelle 148
Strahl
  grüner 24f
  maximal abgelenkter 32f, 36
  minimal abgelenkter 46
Stratopause 100
Stratosphäre 98, 100, 128
Streuung 11f, 14, 16–18
Streuzentrum 14
Strom, elektrischer 79, 102
Strompuls 77
Sturm, magnetischer 152–155

T

Taubogen 38
Tau-Heiligenschein 66
Tauriden 113
Terella 138
Thermosphäre 102f, 154
Tränen des Laurentius 112
Triangulation 111f, 126, 144
Tropopause 98
Troposphäre 97f, 126, 128, 132f
Tunguska 121
Turbulenz 132

U

Überschall 139
Überschallknall 87, 118, 139
Ulloa, Kapitän 148
Ultraviolettstrahlung 13, 100, 103
Untersonne 56

V

Venus 110
Vierlingskristall 55, 57f
Vinci, L. da 11
Vorblitz 75–78, 80
Vorhänge 158
Vulkanausbrüche 65, 81, 130
Vulkankrater 121

W

Waberlohe 135
Wärme, latente 73, 98
Warmfront 44
Wasserdampf 44, 98, 103, 130

Wasserstoff 85, 103, 159
Wega 110
Wellen, elektromagnetische 83, 86f, 109
Wellenlänge 11–16, 24, 34, 62, 83–85, 101, 128, 159
Weltraum 102, 105, 107, 139, 141, 144, 150, 159
Wetter 97
Wetterleuchten 89
Wind 109, 117, 131–133
Windmessung 132
Winkler, J. H. 72, 138
WMO 128
Wogen 128
Wolf, C. 137
Wolf, R. 146, 149
Wolke 16, 47, 66, 74, 77, 80, 89, 97, 100, 125f, 128, 131, 137

Z

Zäpfchen 39
Zirkumzenitalbogen 57, 60
Zodiakallicht 123
Zwischenentladung 77–79
Zyanometer 11